能力培养型生物学基础课系列实验教材
山东省高等学校优秀教材

微生物学实验教程

（第四版）

杨 革 主编

科 学 出 版 社
北 京

内 容 简 介

本书在上一版的基础上，进一步凝练微生物学实验课和科学研究中的部分工作经验，参考国内兄弟院校编写的相关教材及国外的相关资料，增加了部分新的技术，充实了原有的内容。

全书分为基础性实验、综合性实验和研究性实验三大部分，共 69 个实验。本版教材增加了光合细菌、厌氧菌、植物内生菌、果酒酵母、石油烃降解菌、16S rDNA 方法鉴定、乙醇发酵、解淀粉芽孢杆菌抗菌蛋白、生物表面活性剂、微生物浸沥法去除污泥中重金属等方面的实验内容，以扩大学生在实验技术方面的知识储备；同时，加强了研究性实验的设计，以启发学生的创新能力，增强学生的开拓精神。全书最后还有附录和主要参考文献，供读者查阅、参考。

本书可作为高等院校微生物学实验课教材，书中的各个实验相对独立，可根据各学校的教学目标酌情选用。本书也可供微生物相关学科的教师及科研人员参考、借鉴。

图书在版编目（CIP）数据

微生物学实验教程 / 杨革主编. -- 4 版. -- 北京 ：科学出版社，2025. 6. --（能力培养型生物学基础课系列实验教材）（山东省高等学校优秀教材）. -- ISBN 978-7-03-082025-9

Ⅰ. Q93-33

中国国家版本馆 CIP 数据核字第 2025RZ7811 号

责任编辑：朱　灵 / 责任校对：谭宏宇
责任印制：黄晓鸣 / 封面设计：殷　靓

科学出版社 出版
北京东黄城根北街 16 号
邮政编码：100717
http：//www.sciencep.com

南京展望文化发展有限公司排版
上海锦佳印刷有限公司印刷
科学出版社发行　各地新华书店经销

*

2004 年 9 月第　一　版　开本：B5(720×1000)
2025 年 6 月第　四　版　印张：13 1/4
2025 年 6 月第二十五次印刷　字数：244 000

定价：45.00 元

（如有印装质量问题，我社负责调换）

能力培养型生物学基础课系列实验教材
专家委员会

《微生物学实验教程》(第四版)编委会

主　编: 杨　革

副主编: 戴美学　刘　艳

编　委: (按姓氏笔画排序)

王宜磊　朱九滨　刘　艳　刘世武

许俊杰　杜秀菊　杨　革　张韩杰

姚淑敏　缪　静　戴美学

丛书序

“能力培养型生物学基础课系列实验教材”自 2004 年出版以来，已经历两次修订再版，走过了 20 年发展历程，成为全国高校生命科学专业实验教学的重要资源。

作为我国首套系统性的生物学基础课程实验教材，该系列自诞生之初便坚持以培养创新型人才为核心指导思想，始终把握时代脉搏，通过不断改进，推动实验教学创新发展。在本次修订过程中，编写团队秉持“传承与创新”的指导思想，深入总结教材过去版本之所长，并结合教育和学科发展的最新需求，进行全面优化。本次修订不仅是一次内容的更新，更是一场学术传承与思想的升华之旅，力图在保持教材优良传统的基础上，进一步深化创新，以适应新时代的教育目标。

首先，在实验教学体系构建上，教材延续并完善了“基础—综合—研究”三个层次教学结构。2004 年，随着教育改革的深化，这套教材率先在国内提出了“基础性、综合性、研究性”递进式的实验模式。这一设计不仅通过基础性实验夯实了学生的实验基本功，还通过综合性实验提升学生独立操作与分析能力，再通过研究性实验鼓励、引导学生进行创新实践和科学探索。20 年来，这一模式在高校实验教学中被广泛认可，并为国内生物学实验教材树立了新标准。本次修订，编写团队在保持这一结构的基础上，优化了各层次内容的内在联系和递进设计，使之更加适应学生的实际需求。

其次，教材的系统性和实用性得到了进一步强化。作为我国生物学基础实验的代表性教材,编写团队在编写过程中始终注重跨学科协作与系统整合,避免低层次内容重复,形成了科学严密的知识框架。同时,教材的可操作性经过教学实践的检验,确保了每项实验内容的实用性和有效性。配合实验报告与论文范例,学生能够学习规范的学术写作方法,这些设计有益于增强学生们的科研素养,并为其科研生涯奠定坚实基础。

再次,本次修订在内容上更加紧扣生物学前沿。分子生物学、基因工程等领域的快速发展对生物学教学提出了新的要求,鉴于此,本次修订特别优化了新兴学科和新技术的整合,让学生能够接触到最新的科研成果和实验技术。这一创新不仅更新了教学内容,还通过新的教学模式提升了学生的实验技能和创新思维,满足了现代教育对复合型人才的需求。

最后,在教育改革和全球化的背景下,教材始终站在生物学实验教学的前沿。为适应信息化和国际化的教育趋势,本次修订更加注重培养学生的全球视野和跨学科思维。编写团队始终秉持"教育应更加开放、实践性更强"的理念,通过为高校提供更加优质的实验教学资源,推动生物学课程改革的发展,使我国生物学教育更好地与国际接轨。

本套教材凝聚了众多学者与教育工作者的心血,在此要特别感谢发起者和组织者安利国教授及编写团队的卓越贡献。他们凭借深厚的学术造诣和丰富的教学经验,确保了教材的科学性、系统性和前瞻性。感谢所有为教材编写、修订与使用作出贡献的教师和学生,他们为教材的传承与创新打下了坚实基础。

我们相信,本次修订不仅是对过往编写思想的继承,更是对未来发展的大胆探索。期望这套教材能够继续在全国高校实验教学中发挥作用,并为我国生物学人才培养和科学进步作出崭新的贡献。

杨桂文

2022 年秋

第四版前言

党的二十大报告指出，坚持面向世界科技前沿、面向经济主战场、面向国家重大需求、面向人民生命健康，加快实现高水平科技自立自强。这充分体现了以习近平同志为核心的党中央对高技术研究在中国式现代化进程中的重视。微生物学自诞生之日起就是一门经世济民的基础学科，为人类文明的发展作出了重要贡献。在党的二十大精神指引下，基础研究要聚焦真正重要的科学问题。只有通过真做研究，做真研究，才能全力推进以重大生物技术为导向的微生物学基础研究工作。微生物学实验教程是配套微生物学开设的一门基础实验课程，为生物工程、食品科学与工程、制药工程、环境工程等专业的专业基础课，其目的是使学生加深对微生物基础理论的理解，掌握微生物学实验的基本技术与技能，培养观察、思考、分析和解决问题的综合能力，熟悉并掌握微生物学研究方法与综合实验能力，能用微生物学方法解决一些实际问题。

书中的实验分为基础性实验、综合性实验和研究性实验三个部分：

1. 基础性实验：包括微生物学实验的基本操作和技能训练，是微生物学课程中最基本的、最代表学科特点的实验方法和技术，这部分实验使学生掌握微生物学科的基本知识与基本技能，为综合性实验奠定基础。

2. 综合性实验：这部分由多种实验手段与技术和多层次的实验内容组成，要求学生独立完成预习报告、试剂配制、仪器安装与调试、实验记录、数据处理和总结报告。综合性实验主要训练学生对所学知识和实验技术的综合运用能力、对实验过程独立操作能力、对实验结果的综合分析能力，为研究性实验的顺

利开展做好准备

3. 研究性实验：这部分是在完成基础性和综合性实验的基础上，以微生物学的研究为主，结合其他学科的知识与技术，由学生自己设计实验方案、开展科学研究、撰写研究报告，使学生得到科学研究素养的初步训练，为毕业论文研究工作的开展提供思路、打下基础。

全书共有69个实验，在实际授课中，三种类型实验所占比例可根据课程特点、教学要求和年级高低确定。本书具有以下特点：以微生物学基本实验技术为“前奏曲”，有利学生顺利完成基础性实验；专业方向实验的安排，突出微生物学的应用与理工科特色。综合性实验的实施，有利于培养学生的工程实践能力、创新能力与合作精神；内容集“技术、基础、专业与综合”为一体，这种知识结构体系不同于单纯介绍基础微生物学实验，它既强调基本技能的训练，又重视创新能力的培养，且具有明显的专业导向性。研究性实验设计为从事微生物学不同领域的研究提供了充分选择的余地，满足不同研究领域的需要。授课教师可根据不同专业和不同难易程度，从可供选择的实验中挑选自己所需要的内容，制订自己的实验课程计划。

本书的修订再版工作得到山东师范大学安利国教授始终如一的关心与指导，同时科学出版社给予了大力支持，在此，谨向他们致以诚挚的谢意。

我们真诚希望老师和同学们在使用本书时，对所发现的不足之处提出批评和改进的意见，以便及时修正和完善。

主　编

2024年11月

目　录

第一部分　基础性实验

第二部分 综合性实验

第三部分 研究性实验

第一部分

基础性实验

第一章　微生物的纯培养技术

自然界中各种微生物混杂生活在一起，即使取很少量的样品也有许多微生物共存其中。人们要研究某种微生物的特性，首先应使该种微生物处于纯培养状态。纯培养是指培养物中的所有细胞和孢子只是某一个种或株，它们有着共同的来源，是同一细胞的后代。在通常情况下，纯培养物能较好地被研究、利用和重复结果。微生物的纯培养技术包括培养基的配制、灭菌消毒、无菌操作、微生物接种、纯种分离、微生物培养等。

实验1　常用培养基的配制

【实验目的】

1. 了解培养基的概念、种类及用途。
2. 了解培养基的配制原理及其常规配制程序。
3. 学习和掌握细菌、放线菌、霉菌、酵母菌常用培养基的配制方法。

【实验原理】

培养基(culture medium)是指利用人工方法将适合微生物生长繁殖或积累代谢产物的各种营养物质混合配制而成的营养基质，主要用于微生物的分离、培养、鉴定、菌种保藏或积累代谢产物等方面。自然界中微生物的种类繁多，营养类型多样，加之实验和研究的目的不同，所以培养基的种类很多。但不同种类的培养基一般都应含有微生物生长繁殖所需要的碳源、氮源、能源、无机盐、生长因子和水等营养成分。此外，为了满足微生物生长繁殖或积累代谢产物的要求，还必须控制培养基的 pH。一般细菌、放线菌适于生长在中性或微碱性的(嗜碱细菌和嗜酸细菌例外)环境中，而酵母菌和霉菌则适于生长在偏酸性的环境中。因此，在配制培养基时，须将培养基的 pH 调节在一定范围内。

培养基按成分可分为天然培养基、合成培养基和半合成培养基。天然培养基是指利用动物、植物、微生物或其他天然有机成分配制而成的培养基。其优点是营养丰富、价格便宜，缺点是成分不能确定且不稳定。牛肉汁或麦芽汁培养基即为天然培养基。合成培养基是指完全利用已知种类和成分的化学试剂配制而成的培养基,优点是各成分均为已知且含量稳定,缺点是价格较贵。高氏(Cause)一号培养基、察氏(Czapek)培养基即为合成培养基。半合成培养基是指由天然有机成分和已知化学试剂混合组成的培养基,肉膏蛋白胨培养基、马铃薯葡萄糖培养基、豆芽汁培养基即为半合成培养基。

高氏一号培养基被用于培养放线菌。察氏培养基主要被用于培养霉菌,观察其形态。肉膏蛋白胨被广泛用于培养细菌。麦芽汁培养基和马铃薯葡萄糖培养基、豆芽汁葡萄糖培养基常被用于培养酵母菌和霉菌,马铃薯葡萄糖培养基有时也被用于培养放线菌和其他细菌。

培养基按物理状态可分为固体培养基、半固体培养基和液体培养基。固体培养基是指在液体培养基中加入一定量的凝固剂(常加1.5%～2.0%的琼脂),经溶化冷凝而成。半固体培养基是指在液体培养基中加入0.8%～1.0%左右的琼脂,经溶化冷凝而成。液体培养基是指培养基中不加凝固剂,培养基呈液态。

正确掌握培养基的配制方法是从事微生物学实验工作的重要基础。由于微生物种类及代谢类型的多样性,因而用于培养微生物的培养基的种类也很多,它们的配方及配制方法虽各有差异,但一般培养基的配制程序却大致相同。

【实验材料与用品】

1. 材料与试剂

牛肉膏、蛋白胨、葡萄糖、蔗糖、可溶性淀粉、琼脂、新鲜大麦或小麦、黄豆芽、马铃薯、NaCl、NaOH、KNO_3、KCl、$NaNO_3$、$K_2HPO_4 \cdot 3H_2O$、$MgSO_4 \cdot 7H_2O$、$FeSO_4 \cdot 7H_2O$。

2. 仪器与用品

天平、高压蒸汽灭菌锅、移液管、试管、烧杯、量筒、锥形瓶、培养皿、玻璃漏斗、药匙、pH试纸、称量纸、记号笔、棉花、纱布、线绳、塑料试管盖、牛皮纸、报纸等。

【实验步骤】

1. 牛肉膏蛋白胨培养基的配制

牛肉膏蛋白胨的培养基成分见附录1,配制过程如下:

1) 称取所需的蛋白胨和NaCl,置于烧杯中,加入所需水量2/3左右的蒸馏水。用玻棒挑取牛肉膏置于另一小烧杯中,进行称量,然后加入少量蒸馏水,加热溶化后加入上述烧杯中。将烧杯置于石棉网上加热,用玻棒搅拌或放在微波炉中加热,使材料全部溶化。

2) 加入所需的琼脂,加热溶化。

3) 将溶液倒入量筒中,补充水量至所需体积。

4）待溶液冷却至室温时，用 1 mol/L NaOH 溶液调 pH 至 7.2。

5）分装、加塞、包扎。

6）0.1 MPa 高压蒸汽灭菌 20 min。

2. 高氏合成一号培养基的配制

高氏合成一号培养基成分见附录 1，配制过程如下：

1）量取所需水量 2/3 左右加入烧杯中，置于石棉网上加热至沸。称量可溶性淀粉，置于另一小烧杯中，加入少量冷水，将淀粉调成糊状，然后倒入上述装沸水的烧杯中，继续加热，使淀粉完全溶化。分别称量 KNO_3、NaCl、$K_2HPO_4 \cdot 3H_2O$ 和 $MgSO_4 \cdot 7H_2O$，依次加入水中溶解，按每 100 mL 培养基加入 0.1% $FeSO_4$ 溶液 1.0 mL。

2）将溶液倒入量筒中，加水至所需体积。

3）用 1 mol/L NaOH 溶液调 pH 至 7.4。

4）加入所需的琼脂，加热溶化，补充失水。

5）分装、加塞、包扎。

6）0.1 MPa 高压蒸汽灭菌 20 min。

3. 麦芽汁培养基的配制

1）将大麦或小麦洗净，用水浸泡 6～12 h，置于 15℃阴凉处发芽，上盖纱布，每日早、中、晚各浇水一次。待麦芽伸长至麦粒的 2 倍时，晒干或烘干后研磨成麦芽粉，贮存备用。

2）取 1 份麦芽粉加 4 份水，在 65℃水浴锅中保温 3～4 h，使其自行糖化，直至糖化完全。检查方法是取 0.5 mL 的糖化液，加 2 滴碘液，如无蓝色出现即表示糖化完全。

3）糖化液用 4～6 层纱布过滤，滤液如仍混浊，可用鸡蛋清澄清：用一个鸡蛋清加水 20 mL，调匀至产生泡沫，倒入糖化液中，搅拌煮沸，再过滤。

4）用波美比重计检测糖化液中糖浓度，将滤液用水稀释到 10～15 波美度，调 pH 至 6.4。如当地有啤酒厂，可用未经发酵、未加酒花的新鲜麦芽汁，加水稀释到 10～15 波美度后使用。

5）如配固体麦芽汁培养基时，加入 2%琼脂，加热溶化，补充失水。

6）分装、加塞、包扎。

7）0.1 MPa 高压蒸汽灭菌 20 min。

4. 马铃薯葡萄糖培养基的配制

马铃薯葡萄糖培养基成分见附录 1，配制过程如下：

1）称取所需去皮马铃薯(出芽的马铃薯不能用)，切成小块，加水煮沸 20 min

或在 80℃的热水中浸泡 1 h，用 4～6 层纱布过滤，即制成 20%马铃薯浸汁。

2）加入所需的葡萄糖，加热煮沸后再加入 2%琼脂，继续加热溶化并补足失水，pH 自然。

3）分装、加塞、包扎。

4）0.1 MPa 高压蒸汽灭菌 20 min。

5. 豆芽汁葡萄糖培养基的配制

豆芽汁葡萄糖培养基成分见附录 1，配制过程如下：

1）称取新鲜黄豆芽 10 g，置于烧杯中，再加入 100 mL 水，小火煮沸 30 min，用纱布过滤，补足失水，即制成 10%豆芽汁。

2）配制时，按每 100 mL 10%豆芽汁加入 5 g 葡萄糖，煮沸后加入 2 g 琼脂，继续加热溶化，补足失水，pH 自然。

3）分装、加塞、包扎。

4）0.1 MPa 高压蒸汽灭菌 20 min。

6. 察氏培养基的配制

察氏培养基成分见附录 1，配制过程如下：

1）量取所需水量 2/3 左右加入烧杯中，分别称取蔗糖、$NaNO_3$、K_2HPO_4、KCl、$MgSO_4 \cdot 7H_2O$。依次逐一加入水中溶解。按每 100 mL 培养基加入 1 mL 0.1%的 $FeSO_4$ 溶液。

2）待药品全部溶解后，将溶液倒入量筒中，加水至所需体积，pH 自然。

3）加入所需琼脂，加热溶化，补足失水。

4）分装、加塞、包扎。

5）0.1 MPa 高压蒸汽灭菌 20 min。

【实验报告】

1. 记录所配制培养基的名称及成分。

2. 分析所配制培养基的碳源、氮源、能源、无机盐及维生素的来源。

【思考题】

1. 培养细菌常用什么培养基？培养放线菌常用什么培养基？

2. 麦芽汁培养基、马铃薯葡萄糖培养基、豆芽汁葡萄糖培养基、察氏培养基各常用于培养哪类微生物？

3. 何谓半合成培养基？何谓合成培养基？

4. 牛肉膏应置于何种容器中称量为宜？

5. 配制高氏合成一号培养基时，可溶性淀粉需经怎样处理后才能倒入沸水中？

6. 在配制麦芽汁培养基时,如何检查麦芽粉水溶液糖化是否完全?

7. 何谓培养基的自然 pH?

实验 2 常用的灭菌方法

灭菌与消毒、显微镜技术、纯种分离技术、微生物培养技术构成微生物学的 4 项基本技术。它们不仅促进了微生物学的建立和发展,而且对生物学科许多领域的发展发挥了巨大的作用。众所周知,杀死无芽孢病原菌而不损害饮料营养价值和风味的巴斯德消毒法,用石炭酸消毒手术器械、喷洒手术室的李斯特外科消毒法,都曾经创造了巨额财富,拯救了亿万人的生命,并沿用至今。现代物理和化学灭菌技术就是在人们对有害微生物的控制活动中建立和发展起来的,有许多过去使用的方法现在仍是无菌技术的重要组成部分。

微生物在自然界中分布广泛,为了保证生产和科学实验中的所需菌株不受其他杂菌干扰,灭菌和消毒技术是至关重要的。灭菌与消毒二者概念不同,灭菌是指杀死或消灭环境中的所有微生物(包括芽孢与孢子);消毒是指消灭病原菌和有害微生物营养体。但对于同一种方法来说,不同的作用强度和作用时间也可达到灭菌或消毒不同目的。灭菌与消毒方法有多种,可分为物理法和化学法两大类。物理法包括加热灭菌(干热灭菌和湿热灭菌)、过滤除菌、紫外线辐射灭菌等。化学法主要是利用无机或有机化学药剂进行消毒与杀菌。人们可根据微生物的特点、待灭菌材料与实验目的选用灭菌和消毒方法。

1. 加热灭菌

加热灭菌主要利用高温使菌体蛋白质变性或凝固、酶失活而达到杀菌的目的。根据加热方式不同,又分干热灭菌和湿热灭菌两类。干热灭菌主要指火焰灼烧法和干热空气灭菌法。湿热灭菌包括高压蒸汽灭菌法、间歇灭菌法、煮沸法和巴斯德消毒法等。湿热灭菌时蒸汽穿透力大,蒸汽与较低温的物体表面接触凝结为水时可放出潜热,吸收蒸汽水分的菌体蛋白质易凝固,所以在同一温度下湿热灭菌比干热灭菌效果好。菌体蛋白质的凝固温度与含水量密切相关,蛋白质含水分多者凝固温度低(如细菌、酵母菌及霉菌的营养细胞,含水量>50%,50~60℃、10 min 即可使蛋白质凝固而达杀菌目的);蛋白质含水分较少者需较高温度方可使蛋白质凝固变性(如含水较少的放线菌及霉菌孢子,蛋白质凝固温度为 80~90℃,80~90℃加热 30 min 可杀死);细菌的芽孢不仅含水量低,且含吡啶二羧酸钙,蛋白质的凝固温度在 160~170℃,干热灭菌需 140~160℃,维持 2~3 h 方可将芽孢杀死;湿热灭菌需 120℃维持 20 min。因此,一般以能否杀死细菌的芽孢作为彻底灭菌的标准。

2. 紫外线灭菌

紫外线的波长在200～300 nm范围内都有杀菌力，其中杀菌最强的波长为256～266 nm。在波长一定的条件下，紫外线的杀菌效率与强度和时间的乘积成正比。其杀菌机制主要是紫外线导致同链DNA相邻的胸腺嘧啶间形成胸腺嘧啶二聚体和胞嘧啶水合物，从而抑制了DNA正常复制；另外，空气在紫外线辐射下产生的臭氧(O_3)也有一定杀菌作用；水在紫外线辐射下被氧化生成的过氧化氢(H_2O_2)也有杀菌效果。

紫外线不能引起水分子等离子化，它的透过物质能力差，一般只适用于接种室、超净工作台、无菌培养室及手术室空气及物体表面的灭菌。紫外线灭菌是通过紫外线灭菌灯进行的，紫外线灯距离照射物体以不超过1.2 m为宜。近年来，我国已制造出各种多功率的紫外线灯管，用于大规模饮用水消毒。紫外线对人体有伤害作用，可严重灼烧眼结膜，损伤视神经，对皮肤也有刺激作用，所以不能直视开着的紫外光灯，更不能在开着的紫外灯下工作。可见光能激活微生物体内的光复活酶，使形成的胸腺嘧啶二聚体拆开复原，因此也不能在开着荧光灯或白炽灯情况下开启紫外灯。

3. 过滤除菌

微生物虽小，但有一定的体积。因此，可用一些比它们更小筛孔的“筛子”把它们过滤除掉。这种特殊的“筛子”即过滤器上由各种多孔径介质构成的滤板，把含菌的液体或气体中的微生物通过滤器截留在滤板上，而达到除菌的目的。

过滤除菌适用于一些对热不稳定的、体积小的液体材料(如血清、酶、毒素、疫苗、噬菌体等)，各种高温灭菌易遭破坏的培养基成分(如尿素、碳酸氢钠、维生素、抗生素、氨基酸等)和过滤除去空气中的细菌等微生物(如安装在超净工作台、发酵罐的空气进口、微生物无菌培养室、细胞培养室、精密仪器仪表厂、医药和食品等部门、科研单位的各种空气过滤装置)。

按照过滤的对象和滤板的介质，滤菌器有液体滤菌器和空气滤菌器两类。液体过滤除菌多为细菌滤器。依滤板介质区分有硅藻土滤器、石棉板滤器、玻璃滤器、陶瓷滤器、火棉胶滤器、滤膜滤器。每类滤器又依过滤孔径大小分成不同型号、规格，可依据实验要求加以选择。一般空气滤菌器常用的介质是棉花纤维和玻璃纤维。前者如实验室的试管棉塞、棉滤管过滤器和发酵工厂车间中的总过滤器。玻璃纤维纸是超净工作台、接种室和发酵工厂常用的一种空气滤菌器的过滤介质。

2-1 干热灭菌法

【实验目的】

1. 了解干热灭菌法的原理和应用范围。

2. 学习并掌握干热灭菌法的操作。

【实验原理】

干热灭菌法是利用高温使微生物细胞内的蛋白质凝固变性而达到灭菌的目的。细胞内的蛋白质凝固变性与其本身的含水量有关,环境和细胞内含水量越大,则蛋白质凝固就越快;反之含水量越小,凝固越慢。因此,与湿热灭菌相比,干热灭菌所需温度高(160～170℃)、时间长(1～2 h)。但干热灭菌温度不能超过 180℃,否则包器皿的纸或棉塞就会烧焦,甚至引起燃烧。干热灭菌使用的电烘箱的壁有双层金属壁,中间有隔热石棉板,顶端有调气阀及插温度计的小孔,下底夹层装有供通电加热的电炉丝。

干热灭菌法适用范围包括空的玻璃器皿(如培养皿、锥形瓶、试管、离心管、移液管等)、金属用具(如牛津杯、镊子、手术刀等)和其他耐高温的物品(如陶瓷培养皿盖、菌种保藏采用的沙土管、石蜡油、碳酸钙)等的灭菌。其优点是灭菌器皿保持干燥。但带有胶皮、塑料的物品、液体及固体培养基均不能用干热灭菌。

【实验材料与用品】

培养皿、试管、吸管、电烘箱等。

【实验步骤】

1. 装入待灭菌物品

将包好的待灭菌物品(如培养皿、试管、吸管等)放入电烘箱内,关好箱门。物品不要摆得太挤,以免妨碍空气流通。灭菌物品不能用油纸包扎,不要接触电烘箱内壁的铁板,以防包装纸烤焦起火。

2. 升温

接通电源,打开开关,旋动恒温调节器至红灯亮,让温度逐渐上升。在升温过程中,如果红灯熄灭,表示箱内停止加温,此时如果还未达到所需的温度(160～170℃),则需转动温度调节器使红灯再次亮起。如此反复调节,直至达到所需温度。

3. 恒温

当温度升到 160～170℃时,借恒温调节器的自动控制,保持此温度 2 h。干热灭菌过程中严防恒温调节器的自动控制失灵而造成安全事故。万一电烘箱内有焦煳味,应立即切断电源。

4. 降温

切断电源,自然降温。

5. 开箱取物

待电烘箱内温度降到 70℃以下后,打开箱门,取出灭菌物品。电烘箱内温度未降到 70℃以前,切勿自行打开箱门,以免骤然降温导致玻璃器皿炸裂。取出灭菌物品时，小心不要碰破电烘箱顶部放置的温度计。万一温度计打破，要立即切断电源并报告教师，用硫磺铺洒在水银污染的地面和仪器上，清除水银，以防水银蒸发中毒。

【思考题】

1. 在干热灭菌操作过程中应注意哪些问题？为什么？

2. 为什么干热灭菌比湿热灭菌所需要的温度高、时间长？请设计干热灭菌和湿热灭菌效果比较的实验方案。

2－2　高压蒸汽灭菌法

【实验目的】

1. 了解高压蒸汽灭菌法的原理。

2. 学习并掌握高压蒸汽灭菌法的操作。

【实验原理】

高压蒸汽灭菌法是微生物学实验、发酵工业生产及外科手术器械等方面最常用的一种灭菌方法。一般培养基、玻璃器皿、无菌水、无菌缓冲液、金属用具、橡皮物品、接种室的实验服及传染性标本等都可采用此法灭菌。

高压蒸汽灭菌是把待灭菌物品放在一个密闭的高压蒸汽灭菌锅中，通过加热，使灭菌锅内的水沸腾而产生蒸汽。待水蒸气将锅内的冷空气驱尽，关闭排气阀，继续加热，此时蒸汽不能溢出，而增加了灭菌锅内的压力，从而使沸点增高，达到高于 100℃的温度，导致菌体蛋白质凝固变性而达到灭菌的目的。当锅内压力为 0.1 MPa 时，温度可达到 121℃，一般维持 20 min，即可杀死一切微生物的营养体及其孢子或芽孢。

高压蒸汽灭菌是依据水的沸点随水蒸气压的增加而上升，加压是为了提高水蒸气的温度。蒸汽压力与蒸汽温度关系及常用灭菌时间见表 2－1。

表 2－1　高压蒸汽灭菌时常用的灭菌压力、温度与时间

蒸汽压力			蒸汽温度/℃	灭菌时间/min
MPa*	kgf/cm^2	lbf/in^2		
0.056	0.56	8.00	112.6	30
0.070	0.70	10.00	115.2	20
0.103	1.00	15.00	121.0	20

* 压力单位，$1\ Pa = 1\ N/m^2$，与过去惯用单位间的换算关系为：$1\ psi = 1\ lbf/in^2 = 6.894\ 76 \times 10^3\ Pa$。

高压蒸汽灭菌器是一个能耐压，同时可以密闭的金属锅，有立式、卧式、手提式三种（图 2－1）。热源可以用蒸汽、煤气或电源。灭菌器上装有表示锅内温度和压力的温度计、压力表。灭菌锅还有排气口、安全活塞,如果压力超过一定限度,活塞的阀门便自动打开,放出过多的蒸汽。高压蒸汽灭菌技术关键是在压力上升之前需将锅内冷空气排尽。若锅内未排尽冷空气,压力表虽指 0.1 MPa,但锅内温度实际只有 100℃(空气排除程度与温度关系见表 2-2),结果造成灭菌不彻底。

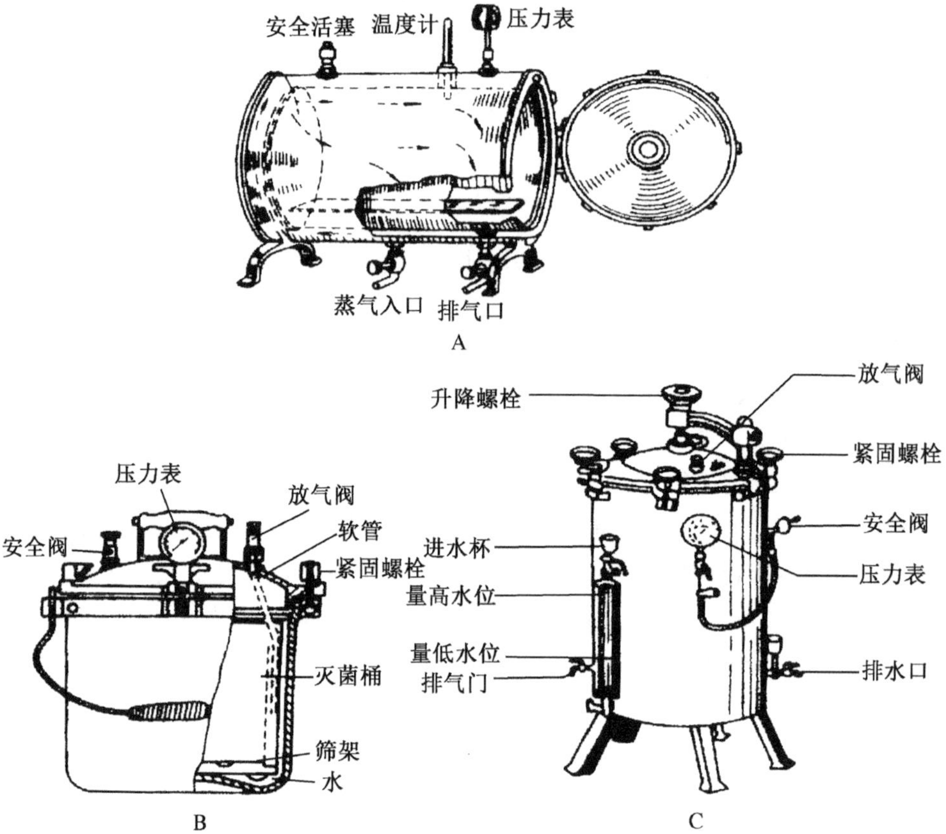

图 2-1 高压蒸汽灭菌锅结构

A. 卧式高压蒸汽灭菌锅;B. 手提式高压蒸汽灭菌锅;C. 立式高压蒸汽灭菌锅

表 2-2 空气排除程度与温度关系

压力表读数/MPa	灭菌器内温度/℃				
	未排除空气	排除 1/3 空气	排除 1/2 空气	排除 2/3 空气	完全排除空气
0.034	72	90	94	100	109
0.069	90	100	105	109	115
0.103	100	109	112	115	121

续　表

压力表读数/MPa	灭菌器内温度/℃				
	未排除空气	排除 1/3 空气	排除 1/2 空气	排除 2/3 空气	完全排除空气
0.138	109	115	118	121	126
0.172	115	121	124	126	130
0.206	121	126	128	130	135

待灭菌物品中的微生物种类、数量与灭菌效果直接相关。一般在小试管、锥形瓶中小容量的培养基，用 0.1 MPa 灭菌 20 min。大容量的固体培养基传热慢，灭菌时间应适当延长（灭菌时间是从达到所要求的温度开始计算，其长短应以达到彻底灭菌为准）。天然培养基含菌和芽孢较多，较合成培养基灭菌时间略长。

灭菌时的过高温度常对培养基造成不良影响：

1）出现混浊、沉淀（天然培养基成分加热沉淀出大分子多肽聚合物；培养基中 Ca^{2+}、Mg^{2+}、Fe^{2+}、Zn^{2+}、Cu^{2+}、Sb^{2+} 等阳性离子与培养基中的可溶性磷酸盐共热沉淀）。

2）营养成分破坏或改变（酸度较高时，淀粉、蔗糖、乳糖或琼脂灭菌过程中易水解；pH 7.5、0.1 MPa 灭菌 20 min，葡萄糖破坏 20%，麦芽糖破坏 50%，若培养基中有磷酸盐共存，葡萄糖转变成酮糖类物质，培养液由淡黄变为红褐色，破坏更为严重）。

3）pH 7.2 时培养基中的葡萄糖、蛋白胨、磷酸盐在 0.1 MPa 灭菌15 min以上可产生对微生物生长的某种抑制物。

4）高压蒸汽灭菌后培养基 pH 下降0.2～0.3。

5）高压蒸汽灭菌过程会增加冷凝水，降低培养基成分浓度。

对于前三种不良影响，可采用低压灭菌（如在 0.056 MPa、30 min灭菌葡萄糖溶液），或将培养基几种成分分别灭菌，临用前无菌混合（如磷酸盐与 Ca^{2+}、Mg^{2+}、Zn^{2+}、Cu^{2+} 等阳性离子溶液）的方法，特殊情况时可采用间歇灭菌、过滤除菌（如维生素溶液）的方法。工业发酵生产中常采用连续加压灭菌法（135～140℃、5～15 s）和连续蒸煮法。

【实验材料与用品】

高压蒸汽灭菌锅、待灭菌的培养基、无菌水、已包好的培养皿、移液管、玻璃涂棒等及待灭菌空试管、锥形瓶等玻璃器皿。

【实验步骤】

1. 灭菌操作

（1）加水　　打开灭菌锅盖，向锅内加适量水。不同的高压蒸汽灭菌锅加水的方法不同,具体操作见各高压灭菌锅说明书。

(2) 放入待灭菌物品　将待灭菌物品放入灭菌桶内,物品不要放得太紧和紧靠锅壁,以免影响蒸汽流通和冷凝水顺壁流入灭菌物品。

(3) 盖好锅盖　将灭菌锅盖上的软管插入灭菌桶的槽内,有利于锅内冷空气自下而上排出,加盖,上下螺栓口对齐,再以对角方式均匀旋紧螺栓,使螺栓松紧一致,以免漏气。

(4) 排放锅内冷空气及升温灭菌　打开放气阀,加热(电加热或煤气加热或直接通入蒸汽),自锅内开始产生蒸汽后 3 min(或喷出气体不形成水雾)再关紧放汽阀,此时已将锅内的冷空气由排气孔排尽,温度随蒸汽压力增高而上升,待压力逐渐上升至所需温度时,控制热源,维持所需压力和温度,并开始计时。一般培养基控制在 0.1 MPa 灭菌20 min,含糖等成分培养基控制在 0.056 MPa 灭菌 30 min,或 0.07 MPa 灭菌 20 min。关闭热源,停止加热,压力随之逐渐降低。

(5) 灭菌完毕降温及后处理　待压力降至 0 时,慢慢打开放气阀(排气口),开盖,立即取出灭菌物品。但在压力未完全降至 0 前,不能打开锅盖,以免培养基沸腾将棉塞冲出,也不可用冷水冲淋灭菌锅迫使温度迅速下降。所灭物品开盖后立即取出,以免凝结在锅盖和器壁上的水滴弄湿包装纸或落到被灭菌物品上,增加染菌率。斜面培养基自锅内取出后要趁热摆成斜面,灭菌后的空培养皿、试管、移液管等需烘干或晾干。

若连续使用灭菌锅,每次需补足水分,灭菌完毕,除去锅内剩余水分,保持灭菌锅干燥。

2. 无菌试验

可抽少数灭过菌的培养基置 37℃恒温培养箱中培养 24～48 h。若无菌生长,即视为灭菌彻底,可保存备用。

【注意事项】

灭菌时人不能离开工作现场,控制热源维持灭菌时的压力;压力过高不仅培养基的成分被破坏,而且高压蒸汽灭菌锅超过耐压范围易发生爆炸,造成伤人事故。

【实验报告】

1. 说明高压蒸汽灭菌原理、适用范围。

2. 简要说明操作过程及操作关键。

【思考题】

1. 高压蒸汽灭菌的关键为什么是高温而不是高压?高压蒸汽灭菌前为什么要将灭菌锅内的冷空气排尽?灭菌时为什么人不能离开工作现场?灭菌完毕后什么情况下才可以打开锅盖取灭菌物品?

2. 染菌或接种有微生物的培养基或培养器皿为什么不能直接洗涤而须先经过高压蒸汽灭菌？培养皿或锥形瓶内含菌固体培养基灭菌后如何处理？

3. 对含糖(如含葡萄糖或乳糖等)培养基进行高压蒸汽灭菌时，应采用多大压力、多长时间灭菌为宜？

4. 对血清、噬菌体浓缩液、氨基酸溶液、维生素溶液、抗生素溶液能否进行高压蒸汽灭菌？应采用何种方法除菌为宜？

实验3 无菌技术和微生物接种技术

在微生物的研究应用中，不仅需要通过分离纯化技术从混杂的天然微生物群中分离出特定的微生物，而且还必须随时注意保持微生物纯培养物的“纯洁”，防止其他微生物的混入。在分离、转接及培养纯培养物时防止其被其他微生物污染的技术被称为无菌技术(aseptic technique)，它是保证微生物学研究正常进行的关键。

接种技术是微生物学实验及研究中的一项最基本的操作技术。接种是用接种环或接种针分离微生物，或将纯种微生物在无菌操作条件下由一个培养器皿移植到盛有已灭菌并适宜该菌生长繁殖所需要的培养基的另一器皿中。由于打开器皿就可能引起器皿内部被环境中的其他微生物污染，因此微生物所有实验的所有操作均应在无菌条件下进行，其要点是在火焰附近进行熟练的无菌操作，或在接种箱或无菌室内的无菌环境下进行操作。接种箱或无菌室内的空气可在使用的前一段时间内用紫外光灯或化学药剂灭菌，有的无菌室通过无菌空气保持无菌状态。

根据不同的实验目的及培养方式可以采用不同的接种工具和接种方法。常用的接种工具有接种针、接种环、接种铲、无菌玻璃涂棒、无菌移液管、无菌滴管或移液枪等(图3-1)，接种环和接种针一般采用易于迅速加热和冷却的镍铬合金等金属制备，使用时用火焰灼烧灭菌。常用的接种方法有斜面接种、液体接种、穿刺接种和平板接种等。

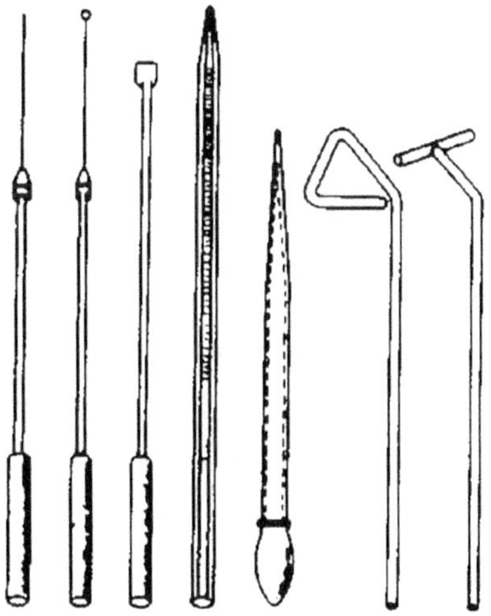

图3-1 接种工具

1. 接种针；2. 接种环；3. 接种铲；4. 移液管；5. 滴管；6—7. 玻璃涂棒

【实验目的】

学习并掌握微生物接种技术。

【实验原理】

试管、玻璃烧瓶、培养皿等是常用的培养微

生物的器具,使用前必须先行灭菌,使容器中不含任何生物。培养微生物的培养基可以加到器皿中后一起灭菌,也可在单独灭菌后加到无菌的器具中。最常用的灭菌方法是高压蒸汽灭菌,可以杀死所有的生物,包括最耐热的某些微生物的休眠体,同时可以基本保持培养基的营养成分不被破坏。有些玻璃器皿也可采用干热灭菌。为了防止杂菌,特别是空气中的杂菌污染,试管及玻璃烧瓶都采用适宜的塞子塞口,通常采用棉花塞,也可采用各种金属、塑料及硅胶帽,它们只可让空气通过,而空气中的其他微生物不能通过。以上几种灭菌方法具体操作见实验 2。平皿是由大小两平面板互扣而成,这种器皿是专为防止空气中微生物的污染而设计的。

【实验材料与用品】

试管、玻璃烧瓶、培养皿。

【实验步骤】

1. 斜面接种

斜面接种是从已长好微生物的菌种试管中挑取少许菌种接种至空白斜面培养基上。

1) 接种前将空白斜面贴上标签,注明菌名、接种日期、接种者姓名。标签应贴在试管前 1/3 斜面向上的部位。

2) 点燃酒精灯。

3) 将菌种管及新鲜空白斜面向上,用大拇指和其他四指握在左手中,使中指位于两试管之间的部位,无名指和大拇指分别夹住两试管的边缘,管口齐平,管口稍上斜(图3-2)。

4) 用右手先将试管帽或棉塞拧转松动,以利接种时拔出。

5) 右手拿接种环柄,使接种环直立于氧化焰部位,将金属环烧灼灭菌,然后斜向横持将接种环金属杆部分来回通过火焰数次(图 3-3)。以下操作都要使试管口靠近火焰旁(即无菌区)进行。

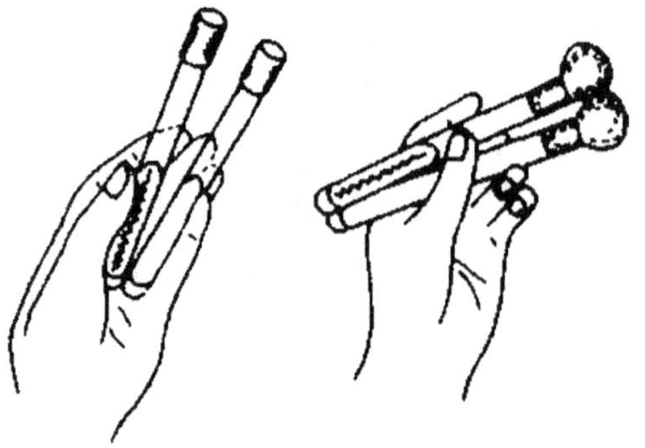

图 3-2 斜面接种时试管的两种拿法

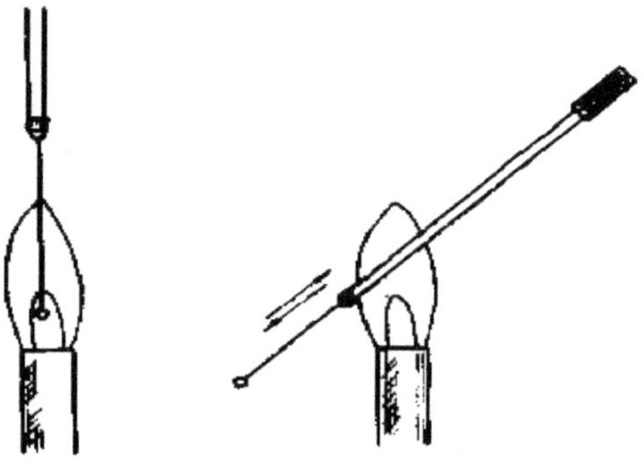

图 3-3 接种环的灭菌

6）用右手小指、无名指和手掌拔下试管帽或棉塞并夹紧，棉塞下部应露在手外，勿放桌上以免污染。

7）将试管口迅速在火焰上微烧一周。

8）将灼烧过的接种环伸入菌种管内，先将环接触一下没长菌的培养基部分，使其冷却以免烫死菌体。然后用环轻轻取菌少许，将接种环慢慢从试管中抽出。

9）在火焰旁迅速将接种环伸入空白斜面，在斜面培养基上轻轻划线，将菌体接种于其上。划线时由底部划起，划成较密的波浪状线；或由底部向上划一直线，一直划到斜面的顶部。注意勿将培养基划破，不要使菌体沾污管壁。

10）灼烧试管口，烘烤棉塞并在火焰旁将试管帽或棉塞塞上。

11）接种完毕，接种环上的余菌必须烧灼灭菌后才能放下。斜面接种无菌操作过程见图 3－4。

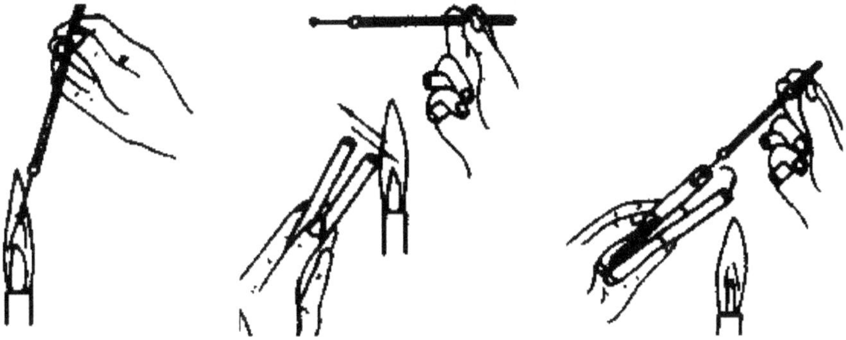

图 3－4 斜面接种无菌操作程序

2. 液体接种

液体接种是将斜面菌种或液体菌种接种到液体培养基（如试管或锥形瓶）中的方法。

1）烧接种环、烧管口，拔塞等步骤与斜面接种相同。但试管要略向上倾斜，以免培养基流出。

2）将取有菌种的接种环送入液体培养基中，并使环在液体与管壁接触的部位轻轻摩擦，使菌体分散于液体中。接种后塞上棉塞，将液体培养基轻轻摇动，使菌体均匀分布于培养基中，以利生长。

若菌种培养在液体培养基内，需转接到新鲜液体培养基时，此时不能用接种环，而需用灭菌的移液管、滴管或移液枪。用时先将移液管的包裹纸稍松动，在其 2/3 长度处截开，加橡皮头，拔出移液管，在火焰旁伸入菌种管内，吸取菌液，转接到待接种的培养基内。灼烧管口，迅速塞好管口，进行培养。沾有菌的移液管插入原包装移液管的纸套内,不能直接放在实验台上,以免污染桌面,经高压灭菌后再行冲洗。

3. 穿刺接种

穿刺接种是常用来接种厌氧菌、检查细菌的运动能力或保藏菌种的一种接种方法。具有运动能力的细菌经穿刺接种培养后,能沿着穿刺线向外运动生长,故形成的菌生长线粗且边缘不整齐;不能运动的细菌仅能沿穿刺线生长,故形成细且整齐的菌生长线。

1) 贴标签。

2) 点燃酒精灯。

3) 转松试管帽或棉塞。

4) 灼烧接种针。

5) 在火焰旁拔去试管帽或棉塞,将接种针在培养基上冷却,用接种针尖挑取少量菌种,再穿刺接种到深层固体培养基内,接至培养基3/4处,再沿原线拔出。穿刺时要求手稳,使穿刺线整齐(图3-5)。

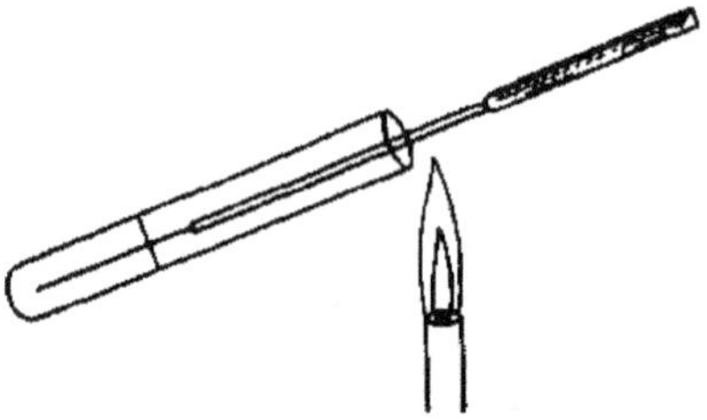

图3-5 穿刺接种

6) 试管口通过火焰,盖上试管帽或棉塞。灼烧接种针上的残菌。

4. 平板接种

平板接种即用接种环将菌种接至平板培养基上,或用移液管、滴管将一定体积的菌液移至平板培养基上,然后培养。平板接种的目的是观察菌落形态,分离纯化菌种,活菌计数以及在平板上进行各种试验。平板培养基的制作方法见实验1。平板接种的方法有多种,根据实验的不同要求,可分为以下几种。

(1) 斜面接平板

1) 划线法:无菌操作自斜面用接种环直接取出少量菌体,或先制成菌悬液,接种在平板边缘的一处,烧去多余菌体,再从接种有菌的部位在平板培养基表面自左至右轻轻连续划线或分区划线(注意勿划破培养基)。经培养后在沿划线处长出菌落,以便观察或挑取单一菌落。

2) 点种法:一般用于观察霉菌的菌落。在无菌操作下,用接种针从斜面或孢子悬液中取少许孢子,轻轻点种于平板培养基上,一般以三点(∴)的形式接种。霉菌的孢子易飞散,用孢子悬液点种效果好。

(2) 液体接平板 即用无菌移液管或者滴管吸取一定体积的菌液移至平板培养基上,然后用无菌玻璃涂棒将菌液均匀涂布在整个平板上。或者将菌液加入培养皿中,然后再倾入溶化并冷至45～50℃的固体培养基,轻轻摇匀,平置,凝固后倒置培养。在稀释分离菌种时常用此法。

(3) 平板接斜面 一般是将在平板培养基上经分离培养得到的单菌落,在无菌操作下分别接种到斜面培养基上,以便作进一步扩大培养或保存之用。接种前先选择好平板上的单菌落,并做好标记。左手拿平板,右手拿接种环,在火焰旁操作,灼烧接种环后将接种环在空白培养基处冷却,挑取菌落,在火焰旁稍等片刻,此时左手将平板放下,拿起斜面培养基,按斜面接种法接种。注意接种过程中勿将菌烫死,接种时操作应迅速,防止污染杂菌。

(4) 其他平板接种法 根据实验的不同要求,可以有不同的接种方法。例如做抗菌谱试验时,可用接种环取菌在平板上与抗生素划垂直线;做噬菌体裂解试验时可在平板上将菌液与噬菌体悬液混合涂布于同一区域等。

【思考题】

1. 何为无菌技术? 为什么说无菌技术是保证微生物研究工作正常进行的关键?

2. 何为接种技术? 接种的方法有哪几种? 接种应在什么条件下进行? 其要点是什么?

实验 4 微生物的培养特征

【实验目的】

1. 了解不同微生物在斜面上、半固体培养基和液体培养基中的生长特征。

2. 进一步熟练和掌握微生物无菌技术。

【实验原理】

微生物的培养特征是指微生物在固体、半固体和液体培养基中生长后所表现出的群体形态特征。不同的微生物有固有的培养特征,这些特征一般用固体、半固体和液体培养基进行检测。固体培养基又分平板和斜面两种形式。在平板上主要观察菌落表面结构、形态及边缘等情况(图 4-1C)。培养在斜面培养基上,菌落可以呈丝线状、刺毛状、念珠状、舒展状、树枝状或假根状(图 4-1D);生长在液体培养基内,可以呈混浊、絮状、黏液状、形成菌膜、上层清晰而底部有沉淀(图 4-1B);穿刺培养在半固体培养基中,可以沿接种线向四周蔓延生长或仅沿线生长,或是上层生长好,甚至连成一片,底部很少生长,又或者是上层不生长,而底部生长好(图 4-1A)。微生物的培养特征还包括菌苔的颜色、表面光滑程度、基质是否产生水溶性色素等。培养特征可以作为微生物分类鉴定的指征之一,并能为识别纯培养是否被污染提供参考。

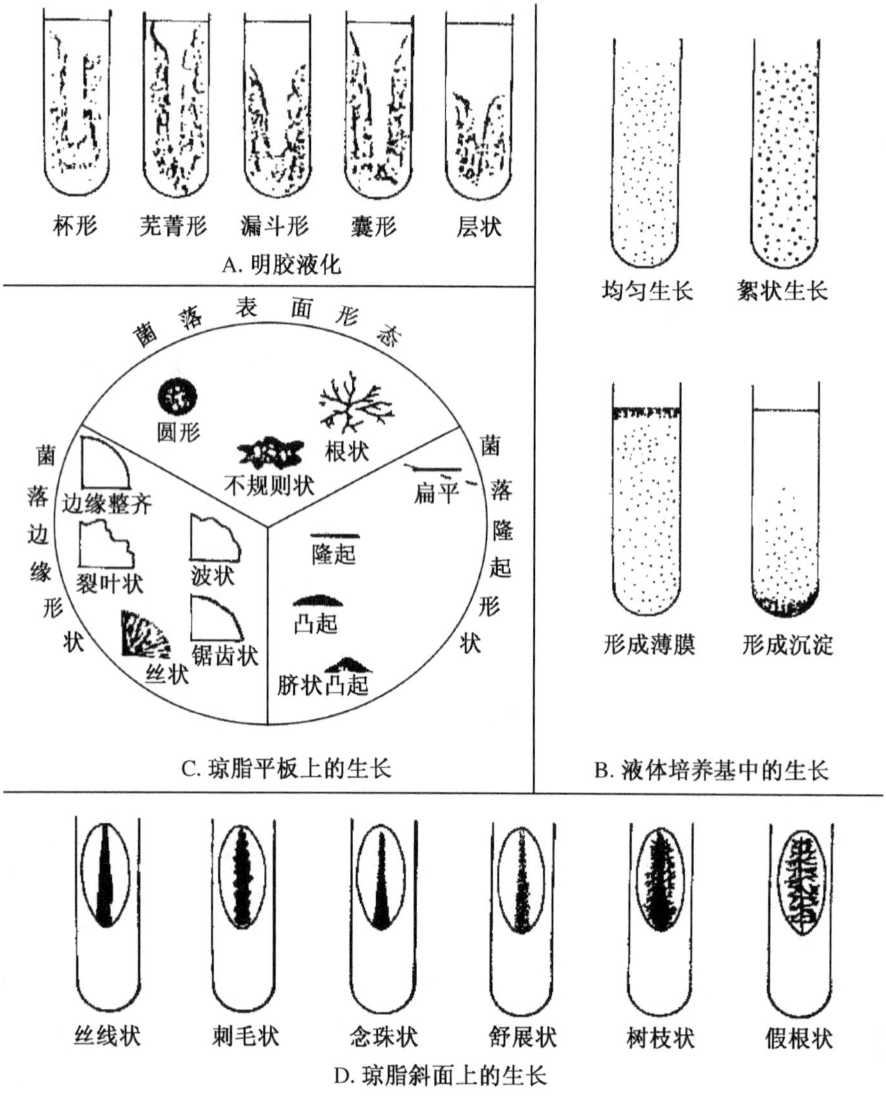

图 4-1 细菌的培养特征

检测微生物的培养特征时,接种和培养过程中必须保证不被其他微生物污染。因此,除工作环境要求尽可能地避免或减少杂菌污染外,熟练地掌握各种无菌接种技术是很重要的。

【实验材料与用品】

1. 菌种

枯草芽孢杆菌(*Bacillus subtilis*)、大肠杆菌(*Escherichia coli*)、金黄色葡萄球

菌(*Staphylococcus aureus*)、白地霉(*Geotrichum candidum*)、蕈状芽孢杆菌(*Bacillus mycoides*)、黏质沙雷菌(*Serratia marcescens*)。

2. 培养基

牛肉膏蛋白胨培养基(平板、斜面、液体、半固体)。

3. 仪器及用具

接种环、接种针、无菌吸管、酒精灯等。

【实验步骤】

1. 标记

在牛肉膏蛋白胨平板、斜面、液体、半固体培养基上用记号笔标明待接种的菌种名称、株号、日期和接种者。

2. 接种

接种过程参照实验 3 无菌技术及微生物接种技术。斜面接种时只划一条直线,且直线尽可能直,切莫划几条线或蛇形线。

3. 培养

将已接种的平板、斜面、液体、半固体培养基放置在 28~30℃的培养箱中培养 2~3 d 后取出观察结果。注意:平板要倒置培养。

【实验报告】

详细描述实验中各种微生物在平板上、斜面上、液体和半固体培养基中的培养特征。

【思考题】

1. 好氧的具周生鞭毛的菌株在液体和半固体培养基中的培养特征分别是怎样的?

2. 用斜面接种待检测的微生物时,为什么不要划多条线或蛇形线,而只要划一条直线?

第二章　原核微生物的形态和结构

原核微生物的形体微小，形态各异。这个类群共有的特征是结构简单，具有无固定形态的原始细胞核，无核膜结构和明显的细胞器。由于原核微生物体积小，较透明，经染料着色后在显微镜下易于对其进行形态和结构的观察。因此，染色技术和显微技术是微生物学中最基本的实验技术，也是我们认识微生物的开始。

细菌的个体微小，结构简单，大多数呈球状、杆状和螺旋状的基本形态。除此之外，有的还具有芽孢、鞭毛和夹膜等特殊的细胞构造。这些构造经特殊方法染色后均可在显微镜下观察。放线菌虽与细菌同属原核微生物，但其在形态上完全不同于细菌。放线菌细胞是不规则的杆状，其形态大小变化较大，分支的丝状体是其重要的特征。

实验 5　细菌的染色技术

【实验目的】

1. 学习并掌握细菌的各种染色技术的原理和方法。
2. 观察细菌的形态和结构特征。
3. 学习显微镜油镜的使用方法。

【实验原理】

细菌体积小，较透明，未经染色常不易识别。而经着色后，它与背景形成鲜明的对比，易于在显微镜下进行观察。细菌的染色技术繁多，一般分为正染色法和负染色法。正染色法又分为单染色法和鉴别染色法，鉴别染色法包括革兰氏染色法、芽孢染色法和鞭毛染色法。

所谓单染色法是利用单一染料对细菌进行染色的一种方法。在中性、碱性或弱酸性溶液中，细菌细胞通常带负电荷，所以常用碱性染料进行染色。碱性染料并不是碱，和其他染料一样是一种盐，电离时染料离子带正电，易与带负电荷的细菌结合而使细菌着色。例如，美蓝（亚甲蓝）实际上是氯化亚甲蓝盐（methylene blue chloride，MBC），可被电离成正、负离子：

$$\text{MBC} \rightarrow \text{亚甲基蓝}^{+} + \text{Cl}^{-}$$

带正电荷的染料离子可使细菌细胞染成蓝色。常用的碱性染料除美蓝外，还有结晶紫(crystal violet)、碱性品红(basic fuchsin)、番红(又称沙黄，safranine)等。此法操作简便，适用于菌体一般形态的观察。

革兰氏染色法是1884年由丹麦病理学家革兰(Christain Gram)创立的，可将所有的细菌分为革兰氏阳性(G^+)细菌和革兰氏阴性(G^-)细菌两大类，是细菌学中最常用的鉴别染色法。该染色法之所以能够将细菌分为G^+菌和G^-菌，是由于这两类菌的细胞壁结构和组成不同。G^+菌中肽聚糖层厚且交联度高，类脂质含量低，经乙醇或丙酮脱色时细胞壁脱水，使肽聚糖层的网状结构孔径缩小，透性降低，从而使结晶紫和碘的复合物不易被洗脱，保留在细胞内，因而使细菌仍保留初染时的蓝紫色。G^-菌则不同，由于细胞壁中含有较多易被乙醇溶解的类脂质，而且肽聚糖层薄、交联度低，故当脱色处理时，类脂质被溶解，细胞壁透性增大，使初染的结晶紫和碘的复合物被洗脱出来，菌体变成无色，再经番红或石炭酸品红复染后即成红色。

芽孢染色法是利用细菌的芽孢和菌体对染料的亲和力不同，用不同染料进行着色，使芽孢和菌体呈现不同的颜色而加以区别。因为细菌的芽孢具有厚而致密的壁，透性低，不易着色，一旦着色脱色也很难。故用着色力强的孔雀绿或石炭酸品红，在加热条件下染色，使菌体和芽孢同时着色。进入菌体的染料经水洗后被脱色，而进入芽孢的染料不易洗去，芽孢仍保留初染时的颜色，再经复染后，菌体被染成与芽孢不同的颜色，使芽孢和菌体形成鲜明的对比，便于观察。

细菌的鞭毛极细，其直径通常为10～20 nm，只有在电子显微镜下才能看到。用普通光学显微镜观察时，采用特殊的鞭毛染色法也能看到。鞭毛染色法的方法很多，但基本原理相同，即在染色前先用媒染剂处理，使它沉积在鞭毛上，使鞭毛直径加粗，然后再进行染色。常用媒染剂由丹宁酸和氯化高铁或钾明矾等配制而成。

荚膜是包在细菌细胞壁外面的一层黏胶状或胶质状物质。由于荚膜与染料的亲和力低，不易着色，故一般采用负染色法染荚膜，使菌体和背景着色，而荚膜不着色，在菌体与背景之间形成一透明区，便于观察。由于荚膜的含水量在90%以上，染色时不要加热固定，以免荚膜皱缩变形影响观察。

【实验材料与用品】

1. 菌种

金黄色葡萄球菌、枯草芽孢杆菌、大肠杆菌、苏云金芽孢杆菌(*Bacillus thuringiensis*)、普通变形菌(*Proteus vulgaris*)或假单胞菌(*Pseudomonas* sp.)、胶质芽孢杆菌(*Bacillus mucilaginosus*，俗称硅酸盐细菌)等。

2. 染色液和试剂

吕氏碱性美蓝染色液、草酸铵结晶紫染液、卢戈碘液、95%乙醇、番红染液(或石炭酸品红染液)、5%孔雀绿水溶液、硝酸银染液、Leifson 染色液、0.01%美蓝水溶液、用滤纸过滤后的绘图墨水、Tyler 染色液、1%甲基紫水溶液、6%葡萄糖水溶液、甲醇、20%硫酸铜水溶液、香柏油、二甲苯、生理盐水。

3. 仪器与用品

显微镜、载玻片、酒精灯、木夹子、接种环、烧杯、小试管、滴管、擦镜纸等。

【实验步骤】

1. 单染色

(1) 涂片　取两片干净的载玻片,各滴一小滴生理盐水于载玻片中央,用无菌操作分别挑取金黄色葡萄球菌和枯草芽孢杆菌于载玻片的水滴中(每一种菌制一片),调匀并涂成薄膜。注意:滴生理盐水时不宜过多,涂片必须均匀。

(2) 干燥　于室温中自然干燥。

(3) 固定　涂片面向上,于火焰上通过 2～3 次,使细胞质凝固,以固定细菌的形态,并使其不易脱落。但不能停留在火焰上烤,否则细菌形态将毁坏。

(4) 染色　放标本于水平位置,滴加染色液于涂片薄膜上,染色时间长短随不同染色液而定。吕氏碱性美蓝染色液染 2～3 min,番红(或碳酸品红)染液染 1～2 min。

(5) 水洗　染色时间到后,用自来水冲洗,直至冲下之水无色时为止。注意:冲洗水流不宜过急、过大,水应由玻片上端流下,避免直接冲在涂片处。冲洗后,将标本晾干或用吹风机吹干,待完全干燥后才可置油镜下观察。

(6) 油镜观察

1) 在低倍镜和高倍镜下找到所要观察的细菌后,用粗调节器将镜筒提起约 2 cm,将油镜转至正下方。

2) 在玻片标本的镜检部位滴上一滴香柏油。

3) 从侧面注视,用粗调节器将镜筒小心地降下,使油镜浸在香柏油中,其镜头几乎与标本相接,应特别注意不能压在标本上,更不可用力过猛,否则不但压碎玻片,也损坏镜头。

4) 从接目镜内观察,进一步调节光线,使光线明亮,再用细调节器将镜筒徐徐上升,直至视野出现物像为止。如油镜已离开油面而仍未见物像,必须再从侧面观察,将油镜降下,重复操作至物像看清为止。

5) 用同样的方法观察枯草芽孢杆菌染色标本。

6) 观察完毕,上旋镜筒。先用擦镜纸拭去镜头上的油,然后用擦镜纸蘸少许二甲苯(因香柏油溶于二甲苯)擦去镜头上残留油迹,最后再用干净擦镜纸擦去残留的二甲苯。切忌用手或其他纸擦镜头，以免损坏镜头。用绸布擦净显微镜的金属部件。

7）将各部分还原，反光镜垂直于镜座，将接物镜转成“八”字形，再向下旋。同时把聚光镜降下，以免接物镜与聚光镜发生碰撞。

2. 革兰氏染色

（1）涂片　取金黄色葡萄球菌、枯草芽孢杆菌、大肠杆菌制片，其余同单染色法。

（2）干燥固定　与单染色法相同。

（3）结晶紫染色　于制片上滴加适量（覆盖细菌涂面）的草酸铵结晶紫染液染色1～2 min。

（4）水洗　倾去染色液，用水小心冲洗至流水无色为止。

（5）媒液　滴加卢戈碘液，1 min 后水洗。

（6）脱色　将玻片倾斜，用 95%乙醇脱色 20～30 s 至流出液无色，马上水洗。

（7）复染　用番红染液复染约 2 min 或用石炭酸品红染液复染 1 min，水洗。

（8）镜检　用滤纸吸干，依次从低倍镜到高倍镜到油镜观察。

其结果应是：革兰氏阳性菌呈蓝紫色，革兰氏阴性菌呈淡红色。

混合涂片染色是依照上述操作步骤，挑取少量的大肠杆菌和金黄色葡萄球菌，混合涂在同一张载玻片上，经革兰氏染色法，镜检进行比较。

注意：① 革兰氏染色成败的关键是乙醇脱色，脱色过度，阳性菌被染成阴性菌，脱色不足，阴性菌被染成阳性菌；② 涂片务求均匀，切忌过厚，以免脱色不彻底造成假阳性；③ 要用活跃生长期的适龄菌，老龄菌因体内核酸减少或菌体死亡，会使阳性菌被染成阴性菌，故不要用。

3. 芽孢染色法

（1）Schaeffer-Fulton 染色法

1）制片：取 37℃培养 24 h 的枯草芽孢杆菌或其他芽孢杆菌，按常规涂片、干燥、固定。

2）染色：用木夹子夹住载玻片一端，在载玻片的涂面上加 3～5 滴 5%孔雀绿染液，然后在酒精灯火焰上方微微加热至染料冒蒸汽时开始计时 5 min。加热过程中切勿使染料干涸，必要时要随时补充少许染料。

3）水洗：待玻片冷却后，用缓流自来水冲洗至滴下的水无色为止。

4）复染：用 0.5%番红（或碳酸品红）染液染色 2 min，水洗，吸干。

5）镜检：从低倍镜到油镜依次观察。

其结果是：芽孢呈绿色，菌体呈红色。

(2) 改良的 Schaeffer-Fulton 染色法

1) 制备菌液：取 1～2 滴蒸馏水于小试管中，用接种环从斜面上挑取 2～3 环培养好的供试菌于试管中，充分打散搅匀，制成浓稠的菌悬液。

2) 加染色液：取 2～3 滴 5%孔雀绿染液于小试管中，轻轻摇晃，使染料与菌液混合均匀。

3) 加热：将上述小试管浸入沸水浴(或烧杯)中，加热 15～20 min。

4) 涂片固定：用接种环从试管底部挑取数环菌液于洁净的载玻片上，涂成薄膜，然后将涂片通过火焰上方微火 3 次固定。

5) 脱色：用水洗至流下的水无绿色为止。

6) 复染：加 0.5%番红(或碳酸品红)染液 2 min，倾去染液，不用水洗，用吸水纸吸干。

7) 镜检：最后用油镜观察。

其结果是：芽孢呈绿色，菌体呈红色。

除了上述两种芽孢染色法外，还可采用简单染色法直接观察芽孢的形态和着生位置。这是根据菌体易着色而芽孢不易着色的原理，使染色的菌体与无色的芽孢形成鲜明的对照加以区别。此法操作简便，效果良好。

注意：① 供芽孢染色用的菌种应控制菌龄，老龄菌种芽孢易游离；② 采用 Schaeffer-Fulton 染色法，在加热过程中，切勿使涂片染料干涸；③ 用改良法时，制备的菌液浓稠为宜，用时充分摇匀后挑取，否则菌体沉于管底，涂片时菌体太少。

4. 鞭毛染色

(1) 硝酸银染色法

1) 清洗载玻片：选用新的载玻片放入洗衣粉溶液中煮沸 20 min，用清水冲洗干净，沥去水分后置 95%乙醇中，用时取出在火焰上烘干。

2) 活化菌种与菌液的制备：对鞭毛染色和运动性的观察，所用培养物最好处于生长活跃幼龄期，因此在染色观察前应将细菌进行活化。方法有两种：一种是在新配的营养琼脂斜面上(培养基表面湿润，斜面基部有冷凝水)连续转接 2～3 代，每次于 30℃培养12～16 h，以增强细菌的运动力。最后用接种环挑取斜面与冷凝水交接处菌苔数环，移至盛有 1～2 mL 无菌水的试管中，使其成混浊液。将该试管置于 37℃恒温箱中静置10 min，让幼龄菌的鞭毛松展开，立即制片。另一种是在新制备的营养琼脂(含 0.6%～0.8%的琼脂)平板上用接种环在平板中央点接活化 2～3 代的细菌，恒温培养 12～16 h，取扩散菌落的边缘制成菌液或直接涂片。

3) 制片：方法一是取一滴菌液于载玻片的一端，立即将玻片倾斜，使菌液缓缓流向另一端，用吸水纸吸去玻片下端多余菌液，室温(或 37℃恒温)自然干燥。方法二是在干净载玻片的一端滴一滴无菌水，按无菌操作用接种环从活化菌种中取少量菌苔(不要带培养基)于水滴中轻轻沾几下，稍倾斜载玻片，使菌液随水流缓缓流到另一端，自然干燥。

4) 染色：① 在玻片涂面上滴加硝酸银染色 A 液覆盖 3～5 min，用蒸馏水充分洗净 A 液；② 然后用硝酸银染色 B 液冲去残水，再加 B 液覆盖于涂面上，用酒精灯微火加热至冒蒸汽，维持 0.5～1 min(加热时应不断补充染料，切勿干涸)。显褐色时立即用蒸馏水冲洗，自然干燥。

5) 镜检：先低倍镜，再高倍镜，最后油镜观察。

其结果是：菌体呈深褐色，鞭毛呈浅褐色。

(2) 改良 Leifson 染色法

1) 清洗玻片：同硝酸银法。

2) 活化菌种与菌液的制备：同硝酸银法。

3) 制片：① 用记号笔在涂片背面将玻片划分 3～4 个等分区；② 在每一小区的一端放一滴菌液，将玻片倾斜，让菌液流向小区的另一端，然后用滤纸吸去多余的菌液；③ 室温或 37℃温室自然干燥。

4) 染色：① 加 Leifson 染色液于第一区，隔数分钟后再将染料加入第二区，依次类推(相隔时间自行决定)。其目的是确定最佳染色时间，且节约材料；② 在染色过程中仔细观察，当整个玻片都出现铁锈色沉淀和染料表面出现金色膜时，直接用蒸馏水轻轻冲洗染料，否则会增加背景的沉淀，染色时间大约 10 min；③ 自然干燥。

5) 镜检：先低倍镜，再高倍镜，最后油镜观察。

其结果是：菌体和鞭毛均染成红色。

注意：① 所用的载玻片、凹玻片、盖玻片都要洁净无油，否则会影响观察效果；② 要用适宜菌龄作为观察材料，且在操作时小心仔细，以防鞭毛脱落；③ 所用鞭毛染色液最好是现用现配，否则观察效果差；④ 在用硝酸银染色时，要充分洗去 A 液再加 B 液，掌握好 B 液的染色时间是鞭毛染色成败的重要环节。

5. 夹膜染色法

(1) 湿墨水法

1) 制备菌液：加一滴墨水于洁净的载玻片上，用无菌操作法，挑取少量菌体与墨水混合均匀。

2) 加盖玻片：取一洁净盖玻片，将盖片一边先接触菌液，后轻轻放下(以不产生气泡为宜)，然后在盖片上放一张滤纸，轻轻按压吸去多余的菌液。

3) 镜检：先用低倍镜观察，再用高倍镜观察，最后用油镜观察，若用相差显微镜观察,效果更佳。

其结果是：背景灰色,菌体较暗,在菌体与背景之间呈现一明亮的透明圈,即为荚膜。

(2) 干墨水法

1) 制备菌液：加一滴6%葡萄糖水溶液于洁净载玻片一端,挑取少量菌体与其混匀,再加一环墨水,充分混匀。

2) 涂片：左手持带菌液玻片,右手拿一边缘光滑的另一载玻片,将此载玻片一边与混合菌液接触,使混合菌液沿玻片接触处散开,然后以30°迅速而均匀地将混合菌液推向玻片的另一端,使混合液铺成一薄层(图5-1)。

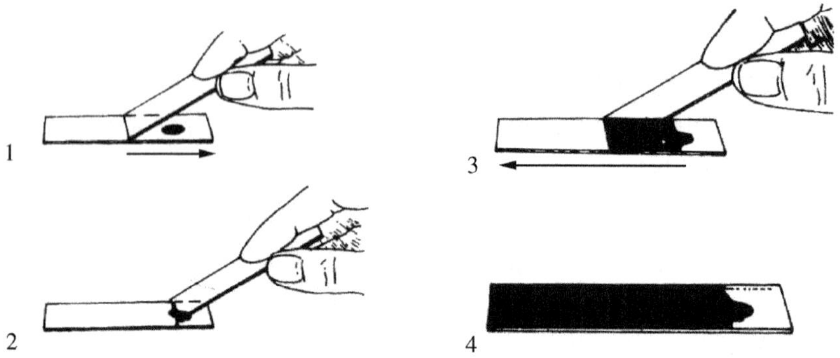

图5-1 荚膜干墨水染色法的涂片方法

3) 干燥：空气中自然干燥或吹干。

4) 固定：用甲醇浸没涂片,固定1 min,立即倾去甲醇。

5) 干燥：在酒精灯上方用文火干燥。

6) 染色：用1%甲基紫染1～2 min。

7) 干燥：用自来水轻轻冲洗后自然干燥或吸水纸吸干。

8) 镜检：用低倍镜和高倍镜观察后,用油镜观察。

其结果是：菌体紫色,背景灰色,荚膜在菌体周围呈一清晰透明圈。

(3) Tyler 法

1) 涂片：按常规法涂片,可多挑些菌体与水充分涂抹均匀。

2) 干燥固定：在空气中自然干燥固定,不可加热。

3) 染色：用 Tyler 染色液染5～7 min。

4) 脱色：以20%硫酸铜水溶液洗去染液(一般冲洗2遍),用吸水纸吸干,并立即加1～2滴香柏油于涂片处,以防止硫酸铜结晶的形成。

5）镜检：用低倍镜、高倍镜、油镜进行观察。

其结果是：菌体呈深紫色，荚膜无色或淡紫色。

（4）负染色法

1）涂片：在一洁净的载玻片中央加蒸馏水一滴，取少许菌体入水滴中涂布均匀。

2）干燥：用电吹风冷风吹干或在空气中自然晾干。

3）固定：滴加1～2滴95%乙醇固定。

4）染色：在涂面上加复红染色液染色2～3 min，水洗。

5）干燥：同步骤2）。

6）涂墨汁：在染色涂面左边加一小滴墨汁，用一边缘光滑的洁净载玻片接触墨汁，使墨汁玻片边缘散开，然后向后一拖，使墨汁在染色涂面上成为均匀一薄层，自然干燥。

7）镜检：从低倍镜到高倍镜再到油镜依次观察。

其结果是：背景墨色，菌体红色，荚膜无色透明。

注意：① 载玻片必须洁净无油迹，否则涂片时混合液不能均匀散开；② 加盖片时切勿产生气泡，以免影响观察；③ 染色时一般不加热固定，以免荚膜皱缩变形；④ 在采用Tyler法染色时，标本经染色后不可用水洗，必须用20%硫酸铜冲洗。

【实验报告】

1. 绘出金黄色葡萄球菌、枯草芽孢杆菌、大肠杆菌的视野图，并列表简述三株细菌的染色观察结果（说明各菌的形状、颜色和革兰氏染色反应）。
2. 绘出所用菌种芽孢的具体形态。
3. 绘图表示有鞭毛细菌的鞭毛特征及位置。
4. 绘图说明观察到的细菌的菌体和荚膜的形态。

【思考题】

1. 制片为什么要完全干燥后才能用油镜观察？
2. 哪些因素会影响革兰氏染色结果的正确性？其中最关键的一步是什么？
3. 怎样对未知菌种进行革兰氏染色，以证明你的染色结果是正确的？
4. 用老龄菌染色会出现什么问题？为什么？
5. 若镜检时视野中出现大量游离芽孢，你认为是什么原因造成的？
6. 在加热染色时，若玻片上的染液被烘干，此时能否立即加染料？为什么？
7. 哪些因素影响鞭毛染色结果？如何控制？
8. 通过荚膜染色法后，为什么菌体着色而荚膜不着色？

实验6 放线菌的形态和结构

【实验目的】

1. 学习并掌握用玻璃纸培养放线菌的方法。

2. 初步了解放线菌的个体形态特征。

【实验原理】

玻璃纸具有半透膜性,其透光性与载玻片基本相同。将灭菌的玻璃纸覆盖在琼脂平板表面上,然后将放线菌接种于玻璃纸上,经培养使放线菌生长在玻璃纸上。观察时,将长菌的玻璃纸剪取小片,贴放在载玻片上,直接镜检。这种方法可观察到放线菌的自然生长状态,也便于观察不同生长期的形态。

【实验材料与用品】

1. 菌种

5406放线菌(*Streptomyces microflavus*)或灰色链霉菌(*S.griseus*)、弗氏链霉菌(*S.fradiae*)。

2. 培养基

高氏一号培养基。

3. 仪器与用品

无菌平皿、无菌玻璃纸、无菌盖玻片、无菌玻璃涂棒、1 mL无菌吸管、盛有9 mL无菌水的试管若干支、无菌镊子、酒精灯、接种环、剪刀、载玻片、显微镜等。

【实验步骤】

1. 玻璃纸灭菌

将玻璃纸和滤纸剪成与培养皿大小相同的圆形纸片,用水浸泡后把湿滤纸和玻璃纸交互重叠地放在培养皿中,使滤纸和玻璃纸隔开,然后进行湿热灭菌,备用。

2. 制备琼脂玻璃纸平板培养物

1) 使高氏一号琼脂培养基融化后在超净工作台的酒精灯火焰旁倒约15 mL于平皿内,待凝固后,按无菌操作要求用镊子将玻璃纸覆盖在琼脂平板上,并展平。

2) 稀释菌液:将放线菌斜面菌种制成10^{-3}的孢子悬液。

3) 接种:用1 mL无菌吸管取0.2 mL孢子悬液滴加在玻璃纸平板上,然后用无菌玻璃涂棒涂抹均匀。也可用接种环挑取菌种斜面菌苔在玻璃纸上划线。

4) 培养:将平板倒置于28~30℃下培养5~7 d。

3. 自然生长状态的观察

在洁净载玻片上加一环水,用剪刀剪取小片玻璃纸,菌面朝上平贴在玻片的水滴上(勿产生气泡)，先用低倍镜观察，再用高倍镜找到适宜部位仔细观察。

区别基内菌丝、气生菌丝、孢子丝及孢子的形态、粗细和颜色的差异。

【注意事项】

1. 接种时注意玻璃纸与培养基间不宜有气泡，以免影响其表面放线菌的生长。

2. 在操作过程中，勿碰动玻璃纸菌面上的培养物。

【实验报告】

绘出观察到的放线菌自然生长的个体形态。

【思考题】

1. 为什么在培养基上放了玻璃纸后放线菌仍能生长?

2. 玻璃纸法可否用于其他微生物? 为什么?

实验 7　放线菌的印片染色法

【实验目的】

学习放线菌的印片染色法。

【实验原理】

放线菌的孢子丝形状和孢子排列情况是放线菌分类的重要依据。为了不打乱孢子的排列情况，将菌落或菌苔先印在载玻片上，经染色后观察。

【实验材料与用品】

1. 菌种和染色液

培养 4～7 d 的紫色直丝链霉菌(*Streptomyces violaceorectus*)，石炭酸品红染色液。

2. 用品

载玻片、小刀、酒精灯、显微镜等。

【实验步骤】

1. 接种培养

用高氏一号琼脂平板，常规划线接种或点种，28℃培养 4～7 d。

2. 印片

用小刀将平板上的菌苔连同培养基切下一小块，菌面朝上放在一载玻片上。取另一载玻片对准菌苔轻轻按压(切勿滑动培养物，否则会打乱自然形态)，使孢子丝和孢子印在后一载玻片上。

3. 固定

将印有孢子丝和孢子的涂面朝上，通过酒精灯火焰 2～3 次，加热固定。

4. 染色

用石炭酸复红染色液染色 1 min 后水洗，晾干。

5. 镜检

从低倍镜到高倍镜，最后用油镜观察孢子丝、孢子的形态及孢子排列情况。

【注意事项】

印片时不要用力过大压碎琼脂，更不要滑动培养物，以免改变放线菌孢子丝和孢子的自然形态。

【实验报告】

绘出观察到的放线菌孢子丝的形态及孢子的排列情况。

【思考题】

印片染色法成败的关键是什么?

第三章　真核微生物的形态和结构

真核微生物与原核微生物相比，具有完全不同的细胞形态和结构。真核微生物的细胞核具有核膜，能进行有丝分裂，细胞质中有细胞器等构造，其形态更大、结构更复杂、细胞器的功能更专一。微生物中的真菌、藻类、原生动物均属于真核微生物。传统的微生物学中真菌被研究得较多。

真菌中的酵母菌和霉菌在形态、培养特性等方面截然不同，它们的主要区别在于酵母菌不形成真正的菌丝。酵母菌形体较大，结构简单，具有典型的细胞结构。从研究方法上，对酵母菌形态结构的观察方法与细菌相似；霉菌呈菌丝状，类似于放线菌，但它的菌丝比一般细菌和放线菌的菌丝大几到几十倍。对于霉菌形态和结构的观察，大多是在其自然生长状态下的观察。

实验 8　酵母菌的形态观察及死、活细胞的鉴别

【实验目的】

1. 观察酵母菌的个体形态及出芽方式。
2. 学习区分酵母菌死、活细胞的实验方法。

【实验原理】

酵母菌是单细胞微生物，细胞核与细胞质有明显的分化，个体直径比细菌大10倍左右，多为圆形或椭圆形。酵母菌的繁殖方式也较复杂，无性繁殖主要是出芽生殖。有的在特殊条件下能形成假菌丝，有性繁殖是通过接合产生子囊孢子。用美蓝染色液制成水浸片，不仅可以观察其外形，还可以区分死、活细胞。这是因为活细胞新陈代谢旺盛，还原力强，能使美蓝从蓝色的氧化型变为无色的还原型，而死细胞无还原力，美蓝不变色。

【实验材料与用品】

1. 菌种和染色液

酿酒酵母（*Saccharomyces cerevisiac*）、热带假丝酵母（*Candida tropiculis*），0.05%美蓝染色液。

2. 用品

显微镜、载玻片、盖玻片、擦镜纸、接种环等。

【实验步骤】

1. 酵母菌的染色观察及死亡率的测定

(1) 制片　取0.05%美蓝染色液1滴于载玻片中央,用接种环取酵母菌悬液与染色液混匀,染色2～3 min后加盖玻片。

(2) 镜检　用低倍镜和高倍镜观察其细胞形态、芽殖方式。根据酵母菌是否染上蓝色可以区别细胞的死活。

(3) 死亡率的测定

1) 死、活细胞的计数:在一个视野里计数死细胞和活细胞,共计数5～6个视野,最后取平均数。

2) 死亡率的计算:死亡率=死细胞总数/死、活细胞总数×100%。

2. 假菌丝的培养与观察

将假丝酵母菌划线接种在麦芽汁平板上,并在划线处盖上盖片,置于28～30℃培养2～3 d。将假丝酵母菌的平板放在低倍镜和高倍镜下观察呈树枝状分枝的假菌丝细胞的形态和大小。

【注意事项】

1. 染液不宜过多或过少,否则在盖上盖片时,菌液会溢出或出现大量气泡而影响观察。

2. 盖玻片不宜平着放下,以免产生气泡影响观察。

【实验报告】

绘图说明观察到的酵母菌的形态特征,如细胞形状、出芽方式、假菌丝形状等。

【思考题】

美蓝染液浓度和作用时间不同,对酵母菌死、活细胞数量有何影响?试分析其原因。

实验9　酵母菌子囊孢子的培养与观察

【实验目的】

学习酵母菌子囊孢子的培养及观察方法。

【实验原理】

酵母菌的有性繁殖一般产生子囊孢子。子囊孢子的形成与否及其数量和形状，是鉴定酵母菌的依据之一。在酵母菌的生活史中存在着单倍体阶段和双倍体阶段。这两个阶段的长短因菌种不同而有差异。在一般情况下，它们都持续地以出芽方式进行生长繁殖。但如果将双倍体细胞移到适宜的产孢培养基上，其染色体就会发生减数分裂，形成含 4 个子核的细胞，原来的双倍体细胞即为子囊，而 4 个子核最终发展成子囊孢子。将单倍体的子囊逐个分离出来，经无性繁殖后即成为单倍体细胞。将酿酒酵母从营养丰富的培养基上移接到麦氏培养基（葡萄糖-醋酸钠培养基）上，于适宜温度下培养即可诱导其子囊孢子的形成。

【实验材料与用品】

1. 菌种和培养基

酿酒酵母(*Saccharomyces cerevisiac*)，麦芽汁琼脂斜面培养基、麦氏琼脂斜面培养基。

2. 试剂

5%孔雀绿液、0.5%番红、95%乙醇。

3. 用品

显微镜、载玻片、蒸馏水等。

【实验步骤】

1. 子囊孢子的培养

将酿酒酵母用新鲜麦芽汁琼脂斜面活化 2～3 代后，转接于麦氏琼脂斜面培养基上，于25～28℃培养 5～7 d，即可形成子囊孢子。

2. 制片与染色

于载玻片上加蒸馏水一滴，取少许子囊孢子培养物于水滴中制成涂片，干燥固定后滴加孔雀绿染色液染色 1 min，弃去染液，用 95%乙醇脱色 30 s，水洗，最后加番红染色30 s，水洗，用吸水纸吸干。

3. 镜检

用油镜观察，子囊孢子呈绿色，菌体和子囊呈粉红色。亦可不经染色直接制水浸片观察。水浸片中的酵母菌的子囊为圆形大细胞，内有 2～4 个圆形的小细胞即为子囊孢子。

【注意事项】

1. 用于活化酵母菌的麦芽汁培养基要新鲜，表面湿润。

2. 在产孢培养基上加大接种量，可提高子囊形成率。

【实验报告】

绘出酵母菌的子囊、子囊孢子形态图并注明各部位的名称。

【思考题】

如何区别酵母菌的细胞和释放出的子囊孢子?

实验10 霉菌标本片的制备与观察

【实验目的】

1. 学习制备观察霉菌形态的基本方法。

2. 了解4类常见霉菌的基本形态结构。

【实验原理】

霉菌的营养体是分支的丝状体,分为基内菌丝和气生菌丝。气生菌丝又可分化出繁殖丝。不同霉菌的繁殖丝可形成不同的孢子。霉菌的个体比细菌和放线菌大得多,故用低倍镜即可观察,常用的方法有直接制片观察法、载玻片湿室培养观察法和玻璃纸透析培养观察法三种。

霉菌菌丝较粗大,细胞易收缩变形,且孢子易飞散,故在直接制片观察时常用乳酸石炭酸棉蓝染色液。其优点是:细胞既不变形,又具有杀菌防腐作用,且不易干燥,能保持较长时间,还能防止孢子飞散。染液的蓝色能增强反差,使物象更清楚。

观察霉菌自然生长状态下的形态,常用载玻片湿室培养观察法。此法是接种霉菌孢子于载玻片上的适宜培养基上,培养后于显微镜下观察。

为了得到清晰、完整、保持自然状态的霉菌还可以利用玻璃纸透析培养法进行观察(同放线菌)。

【实验材料与用品】

1. 菌种和培养基

产黄青霉(*Penicillium chrysogenum*)、黑曲霉(*Aspergillus niger*)、根霉(*Rhizopus* sp.)、毛霉(*Mucor* sp.)斜面菌种,察氏培养基。

2. 试剂

乳酸石炭酸棉蓝染色液、20%甘油、50%乙醇。

3. 用品

培养皿、载玻片、盖玻片、无菌吸管、"U"形玻棒、镊子、解剖刀、解剖针、接种环、显微镜等。

【实验步骤】

1. 载玻片湿室培养观察法

(1) 准备湿室　在培养皿底铺一张圆形滤纸片,其上放一"U"形玻棒,在玻棒上放一洁净载玻片和两块盖玻片，用纸包扎，经 121℃湿热灭菌30 min后，置60℃烘箱中烘干备用。

（2）琼脂块的制作　取已灭菌的察氏琼脂培养基约 8 mL 注入另一灭菌平皿中凝固成薄层。用解剖刀分别切0.5～1 cm^2 的培养基两块，然后置于上述湿室中的载玻片两端(图 10－1)。

（3）取菌接种　用解剖针挑取极少量的孢子接种于培养基块的边缘，用无菌镊子将盖玻片覆盖在培养基块上。

（4）倒保湿剂　每皿倒入约 3 mL 20%无菌甘油，使皿内的滤纸完全湿润，以保持皿内湿度。盖上皿盖并注明菌名、组别和接种日期。

（5）培养　将制成的载玻片湿室置 28℃恒温培养4～5 d。

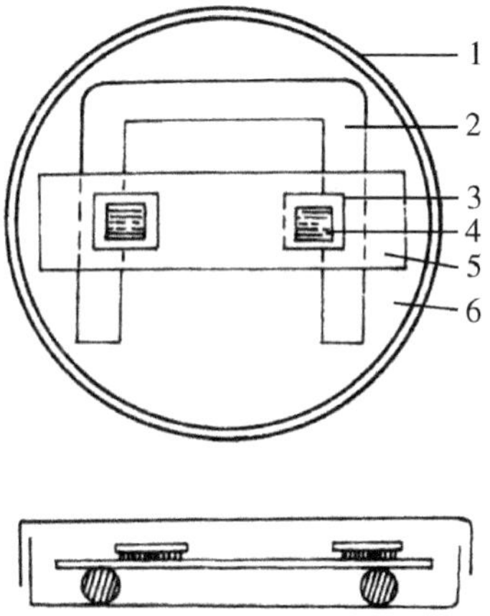

图 10－1　载玻片培养法示意图
上：正面观；　下：侧面观
1. 平皿；2. “U”形玻棒；3. 盖玻片；4. 培养物；5. 载玻片；6. 保湿用滤纸

（6）镜检　根据需要可在不同的培养时间内取出湿室载玻片置低倍镜和高倍镜下观察各种霉菌不同时期的形态。重点观察菌丝是否分隔，曲霉的足细胞、根霉和毛霉的孢子囊和孢囊孢子、曲霉和青霉的分生孢子的形态特点等。

2. 直接制片观察法

在载玻片上加一滴乳酸石炭酸棉蓝染色液或蒸馏水，用解剖针从长有霉菌的平板中挑取少量带有孢子的霉菌菌丝，先置于 50%乙醇中浸一下，再用蒸馏水水洗一下，以洗去脱落的孢子，然后放入载玻片的液滴中，用解剖针仔细地将菌丝分散开。盖上盖玻片(勿使产生气泡，且不要再移动盖玻片)，先用低倍镜观察，必要时换高倍镜。

3. 玻璃纸透析培养观察法

霉菌的玻璃纸透析培养观察法与放线菌玻璃纸培养观察法相似，此处不再详述。

【注意事项】

1. 琼脂块的制作过程应注意无菌操作。

2. 载玻片培养时，尽可能将分散的孢子接在琼脂块边缘上，且量要少，以免培养后菌丝过于稠密影响观察。

3. 制片时，尽可能保持霉菌自然生长状态，加盖片时勿入气泡和移位。

【实验报告】

1. 绘制四种霉菌的形态图，并注明各部位。

2. 比较所观察的 4 种霉菌的区别。

实验11 根霉接合孢子的培养与观察

【实验目的】

1. 学习接合孢子的培养方法。

2. 观察接合孢子的形态。

【实验原理】

接合孢子是霉菌产生的一种有性孢子,由两种性别不同的菌丝特化的配子囊接合而成。有的为同宗接合,有的为异宗接合。根霉的接合孢子属于异宗接合,将根霉的两种不同性别(分别记为"+"和"-")的菌株接种在同一琼脂平板中,经一定时间培养后,即可形成接合孢子。

【实验材料与用品】

1. 菌种和培养基

葡枝根霉(*Rhizopus stolonifer*)或蓝色犁头霉(*Absidia coerulea*)的"+""-"菌株,马铃薯葡萄糖培养基或察氏培养基。

2. 试剂

乳酸石炭酸棉蓝染色液。

3. 用品

显微镜、载玻片、盖玻片、无菌平皿、接种钩、酒精灯等。

【实验步骤】

1. 制平板

以无菌操作将融化的培养基以每皿 15 mL 倒入灭菌平皿中,待凝固后接种。

2. 接种

取上述平板,在平皿背面划一条中心线。用灭菌接种钩取葡枝根霉或蓝色犁头霉"+""-"菌株少许,分别在线两侧划线接种(注意两菌之间要留有距离)。

3. 培养

将接上种的平板置 23~25℃下培养 5 d。

4. 观察

(1) 肉眼观察　平板中心线两侧"+""-"菌株向中央蔓延,由于接合孢子囊的形成,在中心线形成黑色带状。

(2) 制片　取一滴染液于洁净载玻片上,用接种钩取少量平板中心线的培养物于染液内,摊开菌丝团,小心盖上盖片。

(3) 镜检　先用低倍镜,后用高倍镜观察接合孢子形成的不同时期及接合孢子囊和接合孢子的形状。

【注意事项】

1. 菌种在接合培养前要活化 2～3 代。
2. 接种时每接完一次都要烧接种钩，且两菌之间应有一定距离。
3. 分散菌丝时要小心操作，以免破坏其形态。
4. 培养温度不能高于 25℃，否则结果不理想。

【实验报告】

绘出葡枝根霉或蓝色犁头霉接合孢子形态图，并注明配子囊、接合孢子的名称。

【思考题】

接合孢子主要分布在平板培养基的哪个部位？为什么？

第四章　病　　毒

病毒为非细胞型微生物，结构简单，不具细胞结构，仅含 DNA 或 RNA。它是严格的细胞内寄生，利用宿主细胞的酶、能量合成系统进行自身的繁殖。病毒在形态和结构上与其他微生物完全不同，对病毒研究的方法也不同。噬菌体以细菌为寄主，在细菌细胞内生长繁殖直至使细胞破裂死亡。一些噬菌体(如温和噬菌体)能长期存在于宿主细胞内，与宿主处于稳定的共存状态，在一定条件下可裂解释放致宿主死亡。借助细菌学的实验方法，我们可对噬菌体进行分离、纯化和检测。

实验 12　噬菌体的分离与纯化

【实验目的】

1. 了解从自然环境中分离、纯化噬菌体的基本原理。
2. 学习用双层琼脂平板法分离、纯化大肠杆菌噬菌体。
3. 观察噬菌斑。

【实验原理】

噬菌体广泛地存在于自然界。凡有宿主存在的地方，一般都能找到相应的噬菌体。例如，在粪便和阴沟污水中很容易分离到大肠杆菌(*E. coli*)噬菌体；牛乳场有大量的乳酸杆菌，也容易分离到乳酸杆菌噬菌体等。由于噬菌体对宿主具有高度专一性，因此可利用此寄主作为敏感菌株培养、分离它们。另外，根据噬菌体对其宿主的裂解可在含有敏感菌株(即宿主)的琼脂平板上形成肉眼可见的噬菌斑，而且在高稀释液中一个噬菌体产生一个噬菌斑，从而可对噬菌体进行纯化和效价测定。

【实验材料与用品】

1. 菌种和培养基

E. coli(37℃培养 18～24 h)、三倍浓缩的牛肉膏蛋白胨液体培养基、试管液体培养基、上层牛肉膏蛋白胨琼脂培养基(含琼脂 0.6%～0.7%，分装试管，每管 4 mL)、底层牛肉膏蛋白胨琼脂平板培养基(含琼脂 2%，每皿10 mL)。

2. 仪器与用品

无菌平板、无菌吸管、无菌过滤器、无菌玻璃涂棒、恒温水浴锅、真空泵等。

【实验步骤】

1. 噬菌体的分离

(1) 制备菌悬液　取 *E. coli* 斜面培养基一支,加 4 mL 无菌水洗下菌苔,制成菌悬液。

(2) 增殖噬菌体　取污水样 200 mL,置于 500 mL 三角瓶内,再加入三倍浓缩的牛肉膏蛋白胨培养基 100 mL 及 *E. coli* 菌液 2 mL,于 37℃下振荡培养 12～24 h。

(3) 制备噬菌体裂解液　将上述培养液 2 500 r/min 离心 15 min,将离心上清液用无菌过滤器过滤除菌,所得滤液经 37℃培养过夜,以作无菌检查。

(4) 噬菌体有无试验　上述滤液经无菌检查若无细菌生长,再进一步检验噬菌体是否存在。

1) 于牛肉膏蛋白胨琼脂平板上加 1 滴 *E. coli* 悬液,用无菌玻璃刮棒涂布一薄层。

2) 待平板上菌液干后,滴加上述滤液数小滴分散于平板上,然后置 37℃培养过夜,如在滤液处无细菌生长,便会出现蚕食状的透明噬菌斑,这证明滤液内有 *E. coli* 噬菌体。

3) 如确证滤液中有噬菌体,可再将滤液接种于同时接有 *E. coli* 的牛肉膏蛋白胨培养液内,如此重复几次,即可使噬菌体增多。

2. 噬菌体的纯化

最初分离的单个噬菌斑往往在形态、大小上不一致,需要进一步纯化。

(1) 稀释　将含 *E. coli* 噬菌体的滤液,用牛肉膏蛋白胨液体培养基按 10 倍稀释法稀释成 10^{-5}～10^{-1}等 5 个稀释度。

(2) 倒底层平板　每个 9 cm 平皿约倒 10 mL 底层琼脂培养基,依次标明 10^{-5}～10^{-1}。

(3) 倒上层平板　取 5 支装有 4 mL 上层琼脂培养基的试管,依次标明 10^{-5}～10^{-1},融化后置于 60℃左右水浴锅内保温,然后分别向每支试管加入 0.1 mL *E. coli* 液,并对号加入 0.1 mL 各稀释度的滤液,摇匀,最后对号倒入已凝固的底层琼脂平板中,摇匀。

(4) 培养　待上层培养基凝固后,置 37℃培养 18～24 h。

(5) 接种和培养　用接种针在选定的单个噬菌斑上刺一下,接入含有 *E. coli* 的牛肉膏蛋白胨液体培养基中,37℃培养 18～24 h。再以上述方法进行稀释,倒平板进行纯化直至平板上出现的噬菌斑形态、大小一致,则表明已获得纯的 *E. coli* 噬菌体。

【注意事项】

1. 在整个操作过程中必须无菌。

2. 制双层平板时,所用培养基要有较好的透光度,无沉淀物,易于观察噬菌斑。

3. 制双层平板的底层培养基温度不宜过高,以减少表面水蒸气。

4. 噬菌体的培养时间不能超过 24 h。

【实验报告】

绘图表示分离的 *E. coli* 噬菌斑的形态。

【思考题】

1. 在双层平板中,底层培养基的作用是什么?

2. 除了本实验用的平板法观察噬菌斑的存在外,还可用何法证实新分离到的噬菌体滤液有噬菌体存在? 如何证明?

3. 加 *E. coli* 增殖的污水裂解液为什么要过滤除菌? 不过滤的污水会出现什么实验结果?

4. 某抗生素生产厂在发酵生产卡那霉素时发现发酵液变稀,菌丝自溶,氨态氮上升,你认为可能是什么原因造成的? 如何证实你的判断是否正确?

实验 13 噬菌体效价的测定

【实验目的】

1. 了解噬菌体效价的含义及其测定的原理。

2. 学习噬菌体效价测定的基本方法。

【实验原理】

噬菌体的效价测定就是测定 1 mL 培养液所含活噬菌体的数量,这个数量即为噬菌体的效价。根据噬菌体对其宿主的裂解,可在含有敏感菌株的平板上形成肉眼可见的噬菌斑。一般一个噬菌体形成一个噬菌斑,故可根据一定体积的噬菌体培养液所形成的噬菌斑数,从而计算出噬菌体的效价,其测定方法一般应用双层琼脂平板法。

【实验材料与用品】

1. 菌种和培养基

E. coli 菌液及相应 10^{-2}稀释噬菌体液,底层牛肉膏蛋白胨琼脂平板、上层牛肉膏蛋白胨培养液试管,含 0.9 mL 液体培养基试管。

2. 仪器与用品

无菌试管、无菌 1 mL 吸管、恒温水浴锅等。

【实验步骤】

1. 稀释噬菌体

1）取含有 0.9 mL 液体培养基的 4 支试管分别注明 10^{-3}、10^{-4}、10^{-5}、10^{-6}。

2）用 1 mL 无菌吸管吸 0.1 mL 10^{-2} *E. coli* 噬菌体加入 10^{-3}的试管中，摇匀。

3）另取一支 1 mL 无菌吸管从 10^{-3}试管内吸 0.1 mL 加入 10^{-4}试管中，摇匀。往后依次类推，稀释至 10^{-6}试管。

2. 噬菌体液与菌液混合

1）取 5 支无菌空试管分别标明 10^{-4}、10^{-5}、10^{-6}、10^{-7}和对照。

2）用无菌吸管从 10^{-3}噬菌体稀释管吸 0.1 mL 入 10^{-4}的空试管内，用另一支吸管从 10^{-4}稀释管内吸 0.1 mL 加入 10^{-5}空试管内，后依次类推直至 10^{-7}空试管。

3）将 *E. coli* 菌液摇匀，用无菌吸管吸取 0.9 mL 入对照试管内，再吸 0.9 mL 加入 10^{-7}试管内，摇匀，依次从最后一管加起，直至 10^{-4}试管，各管均加 0.9 mL *E. coli* 液且分别摇匀。

3. 在上层培养基内加入混合液

1）取 5 管上层培养基并标明 10^{-4}、10^{-5}、10^{-6}、10^{-7}和对照，融化后冷却到 50℃置水浴锅中保温。

2）分别将 4 管混合液和对照按标记加入上层培养基试管内，并立即摇匀。

4. 在底层平板上倒入已接种的上层培养基

1）将接种摇匀的上层培养基迅速对号倒入底层平板上，放平摇匀，使其铺满平板。

2）凝固后于 37℃培养。

5. 观察

将每一稀释度的噬菌斑形成单位（pfu）记录于实验报告表格内，并选取 30～300个 pfu 数的平板计算每毫升稀释的原液的噬菌体效价。

$$噬菌体效价 = \text{pfu}\ 数 \times 稀释倍数 \times 10$$

【注意事项】

1. 操作时一定要条理清楚，先后有序，特别注意管、皿间应“对号入座”。

2. 混合后的菌液保温时间不宜太长，否则会因个别菌体裂解而释放出噬菌体，影响效价的确切性。

3. 当混合液加入上层培养基后应立即摇匀，并迅速倒在底层培养基铺平，以防凝固成块。

4. 将制好的平板倒置培养，以防冷凝水影响噬菌斑的形成及计数。

【实验报告】

1. 记录平板中每稀释度的 pfu 数于表 13-1 中。

表 13-1 每稀释度的 pfu 数

项 目	噬菌体稀释度				
	10^{-4}	10^{-5}	10^{-6}	10^{-7}	对 照
pfu					

2. 计算所测定的噬菌体效价。

【思考题】

1. 什么因素决定噬菌斑的大小?
2. 如果在测定平板上出现其他细菌的菌落,是否影响噬菌体效价测定?
3. 如果要提高测定的准确性应注意哪些操作?

实验 14 溶源性细菌的检查和鉴定

【实验目的】

1. 了解温和噬菌体和溶源性细菌的性质。
2. 学习溶源性细菌的检查和鉴定方法。

【实验原理】

温和噬菌体(如 λ、Mu-1 噬菌体)在感染宿主细胞后,噬菌体基因组整合到宿主菌的基因组内,随宿主菌的增殖而复制,不使宿主菌裂解。这种细菌染色体上整合有前噬菌体(或称原噬菌体)的细菌称为溶源性细菌。溶源性细菌可自发裂解,释放温和噬菌体,但频率较低(10^{-2}~10^{-5})。用物理方法(如紫外线和高温)和化学方法(如丝裂霉素 C)可诱导大部分溶原菌裂解和释放温和噬菌体。溶原性的检查一般须有与待检溶原菌株相近的敏感菌株,可将待检溶原菌株通过诱导处理后,滴加氯仿(帮助噬菌体裂解细菌),再与敏感菌株混合,用双层平板法来检测待检菌是否为溶原菌。

【实验材料与用品】

1. 菌种和培养基

E. coli 225(λ)、226,LB 培养基(固体、半固体、液体)、1%蛋白胨培养基。

2. 试剂

100 mmol/L Tris-HCl(pH 7.6)缓冲液或生理盐水、丝裂霉素 C(0.3 mg/mL)、

氯仿、0.2%柠檬酸钠溶液。

3. 仪器及用品

恒温水浴锅、台式离心机、电炉、摇床、恒温箱、试管、培养皿、移液管、离心管、滤膜滤菌器等。

【实验步骤】

本实验采用丝裂霉素C、高温诱导两种方法诱导溶源性细菌裂解，可任选其中一种。取未经诱导处理的溶源性细菌菌悬液为对照。

1. 溶源性细菌培养

取经LB斜面活化的*E. coli* 225(λ)接种于盛有20 mL LB培养液的250 mL锥形瓶内，37℃振荡培养16 h，再从中取2 mL菌悬液接种于另一瓶盛有20 mL LB培养液的250 mL锥形瓶内，37℃振荡培养2 h至对数期。

2. 排除游离噬菌体

为鉴别所观察到的噬菌斑是不是溶源性细菌表面所吸附的游离噬菌体，可以利用0.2%柠檬酸钠溶液洗涤对数期溶源性细菌细胞，除去表面的游离噬菌体。离心收集上述培养至对数期*E. coli* 225(λ)的细胞，离心后的上清液留待测定噬菌体效价。再用0.2%灭菌柠檬酸钠溶液洗涤上述*E. coli*，然后离心收集上清液。对柠檬酸钠处理前后的上清液进行噬菌体效价测定。将结果记录于表14-1中。

表14-1 *E. coli* 225(λ)菌株经0.2%柠檬酸钠溶液处理前后噬菌体效价的变化

项目	处理前	处理后
噬菌体效价/(pfu/mL)		

3. 诱导溶源菌

(1) 丝裂霉素C处理　采用上述经2次活化的液体培养至对数中期的菌悬液($10^{7\sim9}$个/mL)20 mL，加0.2 mL丝裂霉素C(0.3 g/L)，使其终浓度为3 μg/mL。37℃振荡培养6 h后，3 000 r/min离心5 min，弃去上清液，加入等量LB培养液，每隔一定时间取样测定噬菌体效价。

(2) 高温处理　采用上述经2次活化的液体培养至对数中期的菌悬液，置43℃水浴中进行诱导，保温20 min。保温过程时不断摇动锥形瓶，切忌水浴温度超过45℃，否则噬菌体失活。经热诱导后的细菌悬液37℃继续振荡培养6 h。

4. 溶源性细菌菌株检查

先取经过上述两种方法诱导处理后的菌悬液0.5 mL，以10倍稀释法适当稀释，按平板菌落计数法进行活菌数测定。结果记录于表14-2中。

表 14-2 *E. coli* 225(λ)菌株诱导效应

处理方法	处理条件	活细胞数/mL	噬菌斑数/(pfu/mL)	
			诱 导 组	对 照 组
丝裂霉素 C				
高 温				

将上述两种方法诱导处理后的菌悬液加入几滴氯仿，再以 10 倍稀释法适当稀释。每个稀释度取 0.3 mL 噬菌体悬液和 0.2 mL 对数期敏感 *E. coli* 226 菌悬液混匀，加入半固体 LB 培养基，按双层平板琼脂法，37℃培养 6 h，观察噬菌斑，测定噬菌体效价。

【实验报告】

1. 记录柠檬酸钠处理前后噬菌体效价的变化。

2. 记录 *E. coli* 225(λ)的诱导结果(其中活细胞数的单位为个/mL)。

3. 比较两种方法诱导后增加的噬菌体倍数。溶原菌株表面是否有游离噬菌体存在?

【思考题】

1. 如果待检细菌未经诱导就出现少量噬菌斑，请说明其原因。如果待检细菌经一次诱导未出现噬菌斑，能否直接证明该菌为非溶原菌？为什么？溶源性细菌检测的关键操作是什么?

2. 如果未经抗血清或柠檬酸钠或 80℃加热 10 min 处理待检菌，而直接诱导待检菌后出现大量噬菌斑，能否直接结论该菌为溶原性细菌?

3. 经上述方法检验能否最后确证为溶原菌？根据细菌溶原特性，还需做哪些确证实验?

第五章　微生物生长的测定

生长繁殖是微生物的重要生命活动之一。一个单细胞微生物在适宜的条件下，不断吸取周围的营养物质，并按其固有的代谢方式进行新陈代谢。当同化代谢速率超过异化代谢速率时，细胞中的原生质总量就不断增加，于是就出现了个体的生长。但是，任何个体的增大都是有限度的。当细胞内的各种成分和结构协调增长到某种程度时，母细胞就开始分裂，不久形成了两个子细胞。这种个体数目增多的现象称为繁殖。因此，生长与繁殖是两个紧密联系、不断交替的生命过程。由个体的生长导致个体的繁殖，最终引起了群体的生长。对微生物而言，“生长”一般均指其群体的生长，亦即在单位体积的群体中细胞浓度或菌体密度、重量、体积的增加。

生长与繁殖的含义不同，因此测定的原理和方法也各异。由于生长意味着原生质含量的增加，测定微生物生长量的方法都直接或间接地以此为依据。直接法如测细胞群体的体积、称干重等，间接法如采用比浊法或各种生理指标法等。

实验 15　微生物大小的测定

【实验目的】

1. 学会测微尺的使用和计算方法，以及对酵母菌、球菌和杆菌的测量。
2. 增强微生物细胞大小的感性认识。

【实验原理】

微生物细胞的大小是微生物基本的形态特征，也是分类鉴定的依据之一。微生物大小的测定，需要在显微镜下，借助于特殊的测量工具——测微尺，包括目镜测微尺和镜台测微尺。镜台测微尺是中央部分刻有精确等分线的载玻片，一般是将 1 mm 等分为 100 格，每格长 0.01 mm(即 10 μm)。镜台测微尺并不直接用来测量细胞的大小，而是用于校正目镜测微尺每格的相对长度。

目镜测微尺是一块可被放入接目镜内的圆形小玻片，其中央有精确的等分刻度。有等分为 50 小格和 100 小格两种。测量时，需将其放入接目镜中的隔板上，用以测量经显微镜放大后细胞物像。由于不同的目镜或不同的目镜和物镜组合放大倍数不同,目镜测微尺每小格所代表的实际长度也不一样。因此,用目镜测微尺测量微生物大小时,必须先用镜台测微尺进行校正,以求出该显微镜在一定放大倍数的目镜和物镜下,目镜测微尺每小格所代表的相对长度。然后根据微生物细胞相当于目镜测微尺的格数,即可计算出细胞的实际大小。

杆菌和酵母菌用长和宽表示,球菌用直径表示其大小,如枯草芽孢杆菌大小为(0.7～0.8)μm×(2～3)μm、酵母菌为(1～3)μm×(2～10)μm、金黄色葡萄球菌直径约为0.8 μm。

【实验材料与用品】

1. 菌种

E. coli、金黄色葡萄球菌、酿酒酵母菌,或用市售干酵母粉自制菌液。

2. 仪器与用品

显微镜、目镜测微尺、镜台测微尺、载玻片、盖玻片等。

【实验步骤】

1. 装目镜测微尺

取出接目镜,把目镜上的透镜旋下,将目镜测微尺刻度朝下放入目镜镜筒中的隔板上,然后旋上目镜透镜,再将接目镜插入镜筒中(图15-1)。

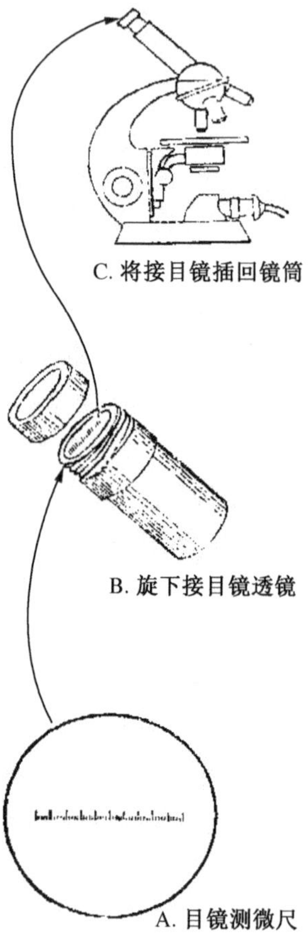

图15-1 装目镜测微尺

2. 校正目镜测微尺的校正

将镜台测微尺刻度朝上放在显微镜载物台上,先用低倍镜观察。将镜台尺有刻度的部分移至视野中央,调节光线和焦距,当清晰地看到镜台测微尺的刻度后,转动目镜使目镜测微尺的刻度与镜台测微尺的刻度平行。利用移动器移动镜台测微尺,使两尺在某一区域内两线完全重合,然后分别数出两重合线之间镜台测微尺和目镜测微尺所占的格数(图15-2)。

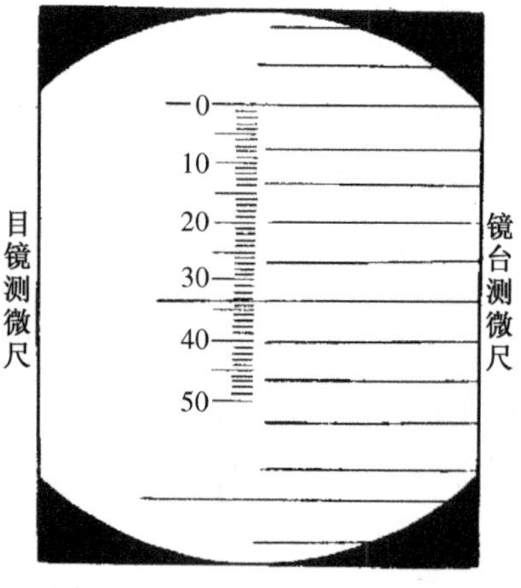

图15-2 目镜测微尺与镜台测微尺校正时情况

用同样的方法换成高倍镜和油镜进行校正,分别测出在高倍镜和油镜下,两重合线之间两尺分别所占的格数。

注意：① 观察时光线不宜过强，否则难以找到镜台测微尺的刻度；② 在校正高倍镜和油镜时，务必十分小心，防止压坏镜台测微尺和损坏镜头。

3. 计算

已知镜台测微尺每格长 10 μm，根据下列公式即可分别计算出在不同放大倍数下，目镜测微尺每格所代表的长度：

$$\text{目镜测微尺每格长度}(\mu\text{m})=\frac{\text{两重合线间镜台测微尺格数}\times 10}{\text{重合线间目镜测微尺格数}}$$

4. 测定微生物大小

目镜测微尺校正完毕后，取下镜台测微尺，换上细菌或酵母菌的染色制片。先用低倍镜找到标本后，酵母菌在高倍镜下测量其大小(测酵母菌时应先将其制成悬液做涂片或做成水浸片)，细菌在油镜下测量其大小(细菌最好选用对数期)。测定时，通过转动目镜测微尺和移动载物台上载片测出各种微生物的长和宽所占的格数，然后再将所测格数乘以目镜测微尺每格所代表的长度，即为该微生物的实际大小。

【实验报告】

1. 将目镜测微尺校正结果填入表 15-1 中，并计算接目镜放大倍数。

表 15-1　目镜测微尺校正结果

接物镜	接物镜倍数	目镜测微尺格数	镜台测微尺格数	目镜尺每格代表的长度/μm
低倍镜				
高倍镜				
油　镜				

2. 将各菌测定结果填入表 15-2 中。

表 15-2　实验测定结果

微生物名称	目镜测微尺每格代表的长度	宽		长		菌体大小范围
		目尺格数	微米数	目尺格数	微米数	
E. coli						
金黄色葡萄球菌						
酿酒酵母菌						

【思考题】

1. 为什么更换不同的物镜都必须使用镜台尺对目镜测微尺重新进行矫正?

2. 当接目镜不变,目镜测微尺也不变,只改变接物镜(也就是改变物镜的放大倍数),目镜测微尺每格所量的镜台上的物体的实际长度是否相同?为什么?

实验16 显微镜直接计数法

【实验目的】

1. 明确血细胞计数板的计数原理。
2. 掌握使用血细胞计数板进行微生物计数的方法。

【实验原理】

显微镜直接计数法是将少量待测样品的悬浮液置于一种特别的具有确定面积和容积的载玻片上(又称计菌器),于显微镜下直接计数的一种简便、快速、直观的方法。常用的细胞计数器有血细胞计数板、Peteroff-Hauser计菌器以及Hawksley计菌器等,都可用于酵母菌、细菌、霉菌孢子等悬液中微生物的计数,基本原理相同。后两种计菌器由于盖上玻片后,总体积为0.02 mm^3,而且盖玻片和载玻片之间的距离只有0.02 mm,因此可用油浸物镜对细菌等较小的细胞进行观察和计算。这两种计菌器的使用方法可参看各厂的使用说明书。除了用这些计菌器外,还有在显微镜下直接观察涂片面积与视野面积之比的估算法,一般用于牛乳的细菌学检查。显微镜直接计数法的优点是直观、快速、操作简单,但缺点是所测的结果是死菌体和活菌体的总和。

本次实验以血细胞计数板为例进行显微镜直接计数。该计数板是一块特制的载玻片,其上由4条槽构成3个平台。中间较宽的平台又被一短横槽隔成两半,每一边平台上各有一个方格网,每个方格网共分为9个大方格,中间的大方格即为计数室。计数室的刻度有两种规格:一种是大方格分成25个中方格,每个中方格又分成16个小方格;另一种是一个大方格分成16个中方格,而每个中方格又分成25个小方格。但无论哪一种规格的计数板,每个大方格中的小方格都是400个。每个大方格体积都是0.1 mm^3(图16-1)。计数时,通常是数5个或4个中方格的总菌数,然后求得每个中方格的平均值,再乘以25或16,就得出一个大方格中的总菌数,

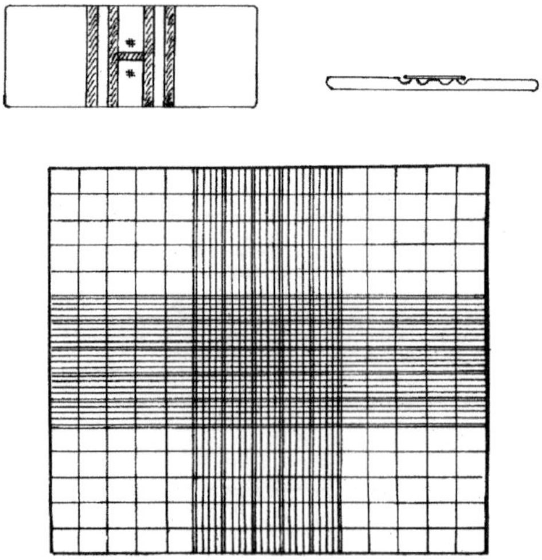

图16-1 血细胞计数板

然后再换算成 1 mL 菌液中的总菌数。

【实验材料与用品】

1. 菌种

酿酒酵母菌或市售干酵母粉。

2. 仪器与用品

血细胞计数板、显微镜、盖玻片、无菌毛细滴管等。

【实验步骤】

1. 制备菌液

以无菌生理盐水将酿酒酵母菌制成浓度适宜的菌悬液，或用温开水将市售干酵母粉制成一定浓度的菌悬液。

2. 镜检计数室

在加样前，先对计数板进行清洗镜检确定无污物和菌体后，用滤纸或卫生纸轻轻擦干或用电吹风吹干后才能加样计数。

3. 加样

将清洁干燥的血细胞计数板盖上盖玻片，再用毛细滴管或小滴管将摇匀的菌悬液由盖玻片边缘加样，让菌液沿缝隙靠毛细渗透作用自由渗入计数室。如果加的菌液过多，在边缘的槽沟中发现有菌液时，就应该立即用滤纸将其吸出，否则会影响计数的结果。注意，取样时要摇匀菌液，加样时计数室内不可有气泡。

4. 显微镜计数

加样后静止一会儿，然后将计数板置于显微镜的载物台上，先用低倍镜找到计数室所在位置，然后换成高倍镜进行计数。计数时要注意调节光线的强弱，可通过调节电压强弱和聚光器高低，以既可看清菌体又可看清方格的线条为宜。

在计数前若发现菌液太浓或太稀，需要重新调节稀释度后再计数。一般样品稀释度要求每小格内有 5～10 个菌体为宜。对于位于线上的菌体计数时，一般是计上不计下，计左不计右。如遇酵母出芽时，芽的大小达不到母细胞一半的不计数。

5. 血细胞计数板的清洗

使用完毕后，要将计数板在水龙头上用水冲洗干净，切勿用硬物洗刷，洗完后自行晾干或用吸水纸吸干或用吹风机吹干，放置盒中。

6. 计算

按下列公式计算出每毫升菌液所含的细胞数。

25×16 的计数板：细胞数 $= A/5 \times 25 \times 10 \times 1\,000 \times B = 5\,000\ AB$，

16×25 的计数板：细胞数 $= A/4 \times 16 \times 10 \times 1\,000 \times B = 4\,000\ AB$。

其中,A为5个或4个方格中的菌数;B为稀释倍数;10和1 000用来换算单位。

【实验报告】

将结果记录于表16-1中。

表16-1 计算结果

计数次数	每一中格中的菌数					5个或4个中格的总菌数	平均数	计数室的总菌数	1 mL菌液中的总菌数
	1	2	3	4	5				
第一次									
第二次									

【思考题】

1. 在用血细胞计数板计数时,如果只看到细胞看不到方格线,或只看到方格线看不到细胞,该怎么办?

2. 某单位要求知道一种干酵母粉中的活菌存在率,请你设计1～2种可行的测定方法。

3. 血细胞计数板计数的误差主要来自哪些方面?应如何尽量减少误差、力求准确?

实验17 平板菌落计数法

【实验目的】

1. 学习平板菌落计数法的基本原理。

2. 掌握平板菌落计数法的操作技术。

【实验原理】

平板菌落计数法是依据微生物在固体培养基上一个活细胞能形成一个菌落而设计的。计数时先将样品作一系列的稀释,再取一定量的稀释液接种到培养皿中,使其均匀分布于平皿中的培养基内,经过恒温培养后,由单个细胞生长繁殖形成菌落,统计菌落数即可换算出样品中的含菌数。由于待测样品往往不易完全分散成单个细胞,所以长成的一个单菌落也可能是来自样品中的2～3个或更多个细胞。因此,平板菌落计数的结果往往偏低。为了清楚地阐述平板计数的结果,现在已经倾向使用菌落形成单位(colony-forming unit,cfu),而不以绝对菌落数来表示样品的活菌含量。

平板菌落计数法虽然操作较烦琐,结果需要培养一段时间才能取得,而且测定的结果易受多种因素的影响，但是该方法可以获得活菌的信息，所以被广泛用于生物制品检验(如活菌制剂)，以及食品、饮料和水(包括水源水)等的含菌指数或污染程度的测定。

【实验材料与用品】

1. 菌种和培养基

E. coli、枯草芽孢杆菌、金黄色葡萄球菌、青霉菌(*Penicillium* sp.)、产黄青霉(*Penicillium chrysoyenum*)，牛肉膏蛋白胨琼脂培养基、察氏培养基等。

2. 仪器与用品

恒温培养箱，无菌培养皿，1 mL、0.5 mL、0.2 mL 吸管，盛有 4.5 mL 或 9 mL 的无菌生理盐水试管，记号笔等。

【实验步骤】

1. 混合平板计数法

(1) 编号　取无菌平皿 9 套，分别用记号笔标明 10^{-4}、10^{-5}、10^{-6}各 3 套。另取 6 支盛有无菌水的试管，排于试管架上依次标明 10^{-1}、10^{-2}、10^{-3}、10^{-4}、10^{-5}、10^{-6}。

(2) 稀释　用 1 mL 无菌吸管精确地吸取 1 mL *E. coli* 悬液放入 10^{-1}的试管中，吹吸 3 次，使其混匀。依次做成 10^{-1}、10^{-2}、10^{-3}、10^{-4}、10^{-5}、10^{-6}稀释液。

(3) 取样　用 3 支 0.2 mL 的无菌吸管分别从 10^{-4}、10^{-5}、10^{-6}的稀释液取 0.2 mL 菌液，对号放入无菌平皿中。

(4) 倒平板培养　于上述盛有不同稀释度菌液的培养皿中倒入溶化后并冷却至 45℃左右的牛肉膏蛋白胨琼脂培养基，迅速摇匀，置水平位置凝固后，倒置于 37℃恒温箱中培养 24 h。

(5) 计数　取出培养 24 h 的平板进行计数，算出同一稀释度三个平板上的菌落平均数，并按下列公式计算：

每毫升活菌数＝同一稀释度三次重复的菌落平均数×稀释倍数×5。

2. 涂布平板法

(1) 倒平板　将牛肉膏蛋白胨琼脂培养基溶化后冷却至 45℃左右倒入无菌平板，凝固后，倒置于 37℃恒温箱中放置 24 h，使其干燥备用。

(2) 编号　方法同上。

(3) 稀释　方法同上。

(4) 取样　方法同上。

(5) 涂布　用无菌吸管吸取 0.2 mL 菌液对号接种于不同稀释度编号的平板上，再用无菌玻璃刮棒将菌液在平板上涂布均匀，平放于实验台上 20～30 min，使菌液渗透于培养基内，37℃倒置培养 24 h。

(6) 计数　方法同上。

【实验报告】

将平板菌落计数结果计入表 17-1 中。

表 17-1　菌落计数结果

计数项目	10^{-4}稀释度				10^{-5}稀释度				10^{-6}稀释度			
	1	2	3	平均	1	2	3	平均	1	2	3	平均
菌落数												
每毫升活菌数												

【思考题】

1. 平板菌落计数时,为什么一般选用每个平板上菌落数在 30～300 个之间的?

2. 怎样使平板计数更准确? 比较平板菌落计数和显微镜直接计数的优缺点。

3. 如果在平板计数时同一个稀释度的三个重复或三个稀释度之间差别较大时,应怎样分析结果误差?

实验 18　干重比色法测定微生物生长量

【实验目的】

了解用干重比色法测定微生物生长量的原理及实验方法。

【实验原理】

测定微生物生长量的方法很多,如测干重、湿重或细胞各组分的含量(总氮量或 DNA 量等)。根据工作的需要可选择不同的测定方法。干重比色法是测定微生物生长量的方法之一。它是将测干重和比色两者相结合的方法,尤其在测定微量菌体时,该法具有快速简便、灵敏和不需要特殊设备等优点。干重比色法是在 H_2SO_4 介质中用 $K_2Cr_2O_7$ 作为氧化剂,把菌体的有机碳氧化成 CO_2 和水,而本身被还原。其反应式如下:

$$C_6H_{12}O_6+4K_2Cr_2O_7+16H_2SO_4 \longrightarrow$$
$$4Cr_2(SO_4)_3+4K_2SO_4+22H_2O+6CO_2$$

在反应过程中,Cr^{6+}(呈橙色)被还原为 Cr^{3+}(呈绿色),有机碳含量越高,Cr^{6+} 被还原为 Cr^{3+} 越多。通过比色测定氧化后 Cr 的变化,便可测出样品中有机碳的含量(即菌体量)。

称取不同干重的菌体，加入一定量的重铬酸钾溶液，经加热氧化后，用分光光度计分别测出它们的OD值。然后以菌体量为横坐标，以OD值为纵坐标作一标准曲线。将未知样品经适当稀释，加入重铬酸钾溶液使氧化后，根据所测得的OD值可直接从标准曲线上查出所含菌体重量，再乘以稀释倍数，就可知原样品中的菌体重量。

【实验材料与用品】

1. 菌种和培养基

E. coli、牛肉膏蛋白胨琼脂培养基。

2. 仪器与用品

721型分光光度计、无菌培养皿、离心管、0.2 mol/L磷酸盐缓冲液(pH 7)、2%重铬酸钾硫酸液(重铬酸钾2 g溶于100 mL硫酸中，文火加热溶解)。

【实验步骤】

1. 菌种培养

使牛肉膏蛋白胨培养基融化后倒平板，待凝固后，从斜面上挑取少量*E. coli*，随即在平板上划线接种，并将其平板倒置37℃恒温培养24 h以得到大量菌体。

2. 制备菌液

用磷酸盐缓冲液将培养好的菌体洗下并分装到两支离心管中。

3. 离心

以3 500 r/min离心10 min，弃去上清液，再用磷酸盐缓冲液冲洗两次，弃去上清液，以除去残留在培养液中的有机物。

4. 烘干并称重

将离心管放在105℃烘箱中，烘至恒重，然后分别称取0.4 mg、0.8 mg、1.2 mg、1.6 mg、2.0 mg菌体，分装于洁净的试管中。

5. 加试剂

先加1 mL蒸馏水于不同干重菌体的试管中，将菌块打散，制成均匀的菌液后再按表18-1顺序加入其他试剂。

表18-1 试剂添加顺序和剂量

试剂	干菌体量/mg					
	0	0.4	0.8	1.2	1.6	2.0
加蒸馏水/mL	1	1	1	1	1	1
重铬酸钾溶液/mL	2	2	2	2	2	2
加热	将各试管放水浴中煮沸30 min					
加蒸馏水稀释/mL	2	2	2	2	2	2

6. 测 OD 值(待试管冷却后进行)

打开光度计电源,预热 20 min。调节“0”电位旋钮使电表指针处于“0”位,选用 620 nm 波长,然后合上比色皿暗盒盖,使光电管受光,旋转 100%的电位器旋钮,使电表指针处于透光率 100%处。连续调整电表指针处于“0”和“100%”处数次,待稳定后再开始测定。将空白对照溶液放在比色架第一格内,上述的菌液放入其余三格中,合上暗盒盖,旋转调节 100%电位,使指针正确地指在“100%”处(即吸光度为 0)。然后轻轻地拉出拉杆,使被测溶液依次置于光路中,这时指针所指的读数即为该溶液的光密度值(OD)。

【实验报告】

1. 将测定结果记入表 18-2 中并分析。

表 18-2　干重比色法测定结果

记录值		干菌体重量/mg					
		0	0.4	0.8	1.2	1.6	2.0
OD 值	1						
	2						
	3						
平　均　值							

2. 根据 OD 值绘制标准曲线。

【思考题】

用重铬酸钾测菌体生长量的原理是什么?影响干重比色的因素有哪些?

第六章　微生物的生化反应

各种细菌具有不同的酶系统，能利用的底物（如糖、醇及各种含氮物质等）不同，或虽利用相同的底物但产生的代谢产物却不同。不同的代谢产物又与一定的试剂发生一定的生化反应，显示出可视的颜色。因此，可借此来测定细菌的代谢产物以区别不同的细菌。生化反应常用来鉴别那些形态或其他方面不易区分的细菌，是研究细菌分类鉴定的重要依据之一。

实验 19　糖发酵试验

【实验目的】

1. 了解细菌鉴定中对糖利用的生理生化反应过程和原理。

2. 学习如何使用杜氏小管进行糖发酵试验，并比较三种菌的糖发酵试验结果。

【实验原理】

糖发酵试验是最常用的生化反应，在肠道细菌的鉴定上尤为重要。不同的细菌分解糖、醇的能力不同，有些细菌分解糖产酸并产气，有的产酸而不产气。因此，可以根据分解利用糖能力的差异作为鉴定菌种的依据。在培养基中加入酸碱指示剂——溴麝香草酚蓝（pH 7.6～6.0）或溴甲酚紫（pH 5.2～6.8），当发酵产酸时，可使培养基颜色发生变化：蓝色→黄色或紫色→黄色。有无气体的产生，可从培养液中倒置的杜氏小管的上端有无气泡来判断（图19－1）。例如，*E. coli* 分解葡萄糖和乳糖产酸产气；伤寒杆菌分解葡萄糖只产酸不产气，不分解乳糖；普通变形杆菌分解葡萄糖产酸并产气，但不分解乳糖。

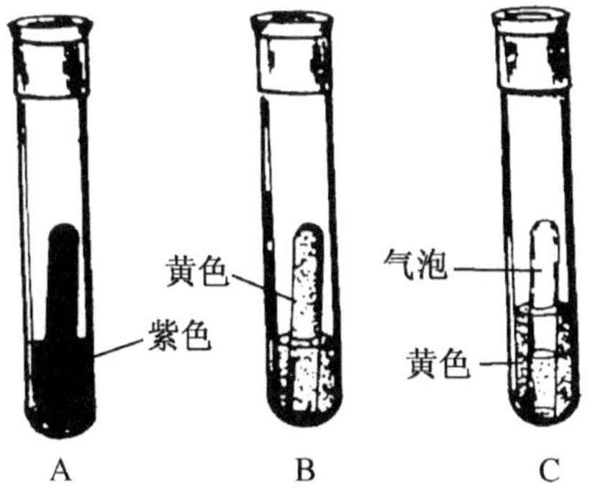

图 19－1　糖发酵实验

A. 培养前的情况；B. 培养后产酸不产气；C. 培养后产酸产气

【实验材料与用品】

1. 菌种和培养基

E. coli、普通变形杆菌、伤寒杆菌、产气杆菌，糖发酵培养基（葡萄糖、乳糖、蔗糖）。

2. 仪器与用品

超净工作台、恒温培养箱、高压蒸汽灭菌锅、试管、移液管、杜氏小管(或用安瓿管上端代用)等。

【实验步骤】

取分别装有葡萄糖、乳糖和蔗糖的发酵培养液试管各 4 支,每种糖发酵试管上,分别标记 *E. coli*、产气杆菌、普通变形杆菌和空白对照。

1. 接种培养

以无菌操作分别接种少量的菌苔至以上各相应试管中,每种糖发酵培养液的空白对照均不接菌。将装有培养液的杜氏小管(或用安瓿管上端代用)倒置于试管的培养液中,置 37℃恒温箱中培养,分别培养 24 h、48 h 和 72 h 后观察结果。

2. 观察记录

与对照管比较,若接种液保持原有颜色,其反应结果为阴性,表明该菌不利用该种糖;如培养液呈黄色,反应结果为阳性,表明该菌能分解该种糖产酸;培养液中的小管内有气泡为阳性反应,表明该菌分解糖能产酸并产气;如小管内没有气泡为阴性反应。

【注意事项】

在糖发酵试验的培养液管中装入倒置杜氏小管时,要防止小管内有残留气泡。灭菌时适当延长煮沸时间可除去管内气泡。

【实验报告】

将细菌对糖发酵试验结果填入表 19-1("⊕"表示产酸产气;"+"表示产酸不产气;"-"表示不产酸、不产气)。

表 19-1 细菌对糖发酵的试验结果

	E. coli	变形杆菌	伤寒杆菌	对照
葡萄糖				
乳糖				
蔗糖				

【思考题】

在糖发酵的每支试管中指示剂的颜色变化与其加量有否关系?

实验 20 IMViC 与硫化氢试验

【实验目的】

1. 了解细菌鉴定中常用的主要生理生化反应实验方法和原理。

2. 比较不同细菌 IMViC 实验结果。

【实验原理】

IMViC 是吲哚试验（indole test）、甲基红试验（Methyl red test）、伏-波试验（Voges-Proskauer test，VP test）和柠檬酸盐试验（citrate test）的缩写，是 4 个主要用来鉴别 *E. coli* 和产气杆菌等肠道杆菌的试验。

吲哚试验：有些细菌含有色氨酸酶，能分解蛋白胨中的色氨酸产生吲哚，吲哚与对二甲基氨基苯甲醛结合，就会形成玫瑰吲哚，此为红色化合物。*E. coli* 此反应阳性，产气杆菌阴性反应。

甲基红试验：某些细菌在糖代谢过程中，将培养基中的糖先分解为丙酮酸，丙酮酸再分解为甲酸、乙酸、乳酸等，使培养基变酸。用甲基红指示剂[pH 4.2（红色）～6.3（黄色）]，可使培养基由原来的橘黄色变为红色，即甲基红试验阳性反应。*E. coli* 阳性反应，产气杆菌阴性反应。

伏-波试验：某些细菌可利用葡萄糖产生丙酮酸，丙酮酸进行缩合，脱羧变成乙酰甲基甲醇，此物在碱性条件下能被空气中的氧气氧化成二乙酰。二乙酰与蛋白胨中精氨酸的胍基作用生成红色化合物，即伏-波试验阳性反应，无红色化合物产生为阴性。

柠檬酸盐试验：有些细菌（如产气杆菌）能利用柠檬酸钠作为碳源，有些细菌（如 *E. coli*）不能利用。细菌在分解柠檬酸钠盐及培养基中的磷酸铵后，产生碱性化合物，使培养基的 pH 升高，在有 1%溴麝香草酚蓝指示剂的情况下，培养基由绿色变为深蓝色。指示剂的指示范围为：pH 小于 6.0 时呈黄色，pH 为 6.0～7.6 时呈绿色。

硫化氢试验：有些细菌能分解含硫有机物，如胱氨酸、半胱氨酸和甲硫氨酸产生硫化氢（H_2S），H_2S 遇重金属盐类（如铅盐或铁盐等）则形成黑色的硫化铅或硫化铁的沉淀物，从而可确定 H_2S 的产生。测定方法有两种：一种是用含柠檬酸铁铵的培养基作穿刺培养，看是否有黑色沉淀产生；一种是在盛有液体培养基的试管中接种菌以后，在试管的棉塞下吊一片醋酸铅试纸，经培养后看醋酸铅试纸是否变黑。醋酸铅试纸的制法：将普通滤纸浸在 1%醋酸铅溶液中，取出晾干，高压灭菌后 105℃烘干备用。

【实验材料与用品】

1. 菌种和培养基

E. coli、产气杆菌、变形杆菌，蛋白胨水培养基、葡萄糖蛋白胨水培养基、柠檬酸盐培养基、硫化氢试验用培养基。

2. 试剂

甲基红、伏-波试验试剂（VP 试剂）、乙醚、吲哚试剂等。

【实验步骤】

1. 吲哚试验

取蛋白胨水培养基试管两支,分别接种 *E. coli*、产气杆菌,并在试管上注明菌名,置 37℃培养 48 h。培养后取出,缓慢滴加吲哚试剂 5 滴,有红色环出现者为阳性,黄色为阴性。也可以在培养液中先加入乙醚约 1 mL(使呈明显的乙醚层),充分振荡,使吲哚溶于乙醚中,静置片刻,使乙醚层浮于培养基上面,这时再沿管壁慢慢加入吲哚试剂 5～10 滴,观察有无红色环出现。注意:加入试剂后不可再摇动,否则混合后红色不明显。

2. 甲基红试验

取葡萄糖蛋白胨水培养基两支,一支接入 *E. coli*,另一支接入产气杆菌,置 37℃恒温培养 48 h。将培养 48 h 后的试管取出,沿管壁加入甲基红指示剂 3～4 滴,上层呈现红色者为阳性。

3. 伏-波试验

取葡萄糖蛋白胨水培养基两支,一支接入 *E. coli*,一支接入产气杆菌,置 37℃恒温培养 24 h。取出加入与培养基等量的 VP 试剂,放置 37℃温室30 min,如呈现红色者为阳性,不呈现红色者为阴性。

4. 柠檬酸盐试验

取柠檬酸盐斜面两支,一支接 *E. coli*,一支接种产气杆菌,注明菌名,置 37℃培养48 h后观察,培养基颜色由绿色变为深蓝色者为阳性,不变者为阴性。

5. 硫化氢试验

取硫化氢试验用培养基两支(内含有柠檬酸铁铵),分别用穿刺法接种 *E. coli* 和变形杆菌,在试管上注明菌名,置 37℃培养 24 h。培养后取出观察,看有无黑色沉淀产生。作穿刺接种时,接种针一定直,蘸取菌种后接种要垂直刺入,然后沿原穿刺线将针拔出,否则影响结果观察。

【实验报告】

将实验结果填入表 20－1 中。

表 20－1 细菌鉴定实验结果

鉴别试验	*E. coli*	变形杆菌	产气杆菌
吲哚试验			
甲基红试验			
伏-波试验			
柠檬酸盐试验			
硫化氢试验			

【思考题】

1. 微生物生化反应的意义何在?

2. 甲基红试验和伏-波试验的最初作用物以及最终产物有何异同点? 为什么会出现最终产物的不同?

3. 在柠檬酸盐试验和硫化氢试验中,*E. coli* 各有什么变化? 其产物是什么?

第七章　菌种保藏技术

微生物种质是重要的自然资源，菌种保藏是一项重要的基础工作。它的任务是将从自然界分离到的野生型菌株或经人工选育的纯种妥善保藏，使之不死、不衰、不乱，并保持菌种原有的各种优良培养特征和生理活性。

微生物菌种保藏的基本原理是使微生物的生命活动处于半永久性的休眠状态，也就是使微生物的新陈代谢作用限制在最低的范围内。干燥、低温和隔绝空气是保证获得这种状态的主要措施。有针对性地创造干燥、低温和隔绝空气的外界条件是微生物菌种保藏的基本技术。

实验 21　常用简便菌种保藏法

菌种保藏方法很多，因菌种不同而异，可因地制宜选用，下面介绍几种常用的简便方法。

【实验目的】

了解菌种保藏的基本原理，并掌握几种常用的、简便的菌种保藏方法。

【实验材料与用品】

1. 培养基

肉膏蛋白胨培养基斜面、高氏一号培养基斜面、麦芽汁培养基斜面、马铃薯葡萄糖培养基斜面。

2. 试剂

10% HCl、无水 $CaCl_2$（或 P_2O_5）、液体蜡油等。

3. 用品

安瓿管、5 mL 无菌吸管、小三角瓶、1 mL 无菌吸管、250 mL 三角瓶、灭菌锅、真空泵、干燥器、无菌水、筛子(24 目)、标签、接种针、接种环、棉花、角匙等。

【实验步骤】

1. 细菌的保存

(1) 斜面保藏

1) 贴标签：取无菌的肉膏蛋白胨培养基斜面数支，在斜面的正上方距离试管口 2～3 cm 处贴上标签。在标签纸上写明接种的细菌菌名、培养基名称和接种日期。

2）斜面接种：将待保藏的细菌用接种环以无菌操作在斜面接种。

3）培养：置 37℃恒温箱中培养 48 h。

4）保藏：斜面长好后，直接放入 4℃的冰箱中保藏。这种方法一般可保藏三个月至半年。

（2）*矿油封藏法*　此法可抑制细菌代谢，推迟细胞老化，避免水分蒸发，延长保存的时间，一般可 1～2 年移植一次。细菌中的大多数属都可用此法保存。但有些属用此法的效果不好，如固氮菌属、肠细菌属、乳酸杆菌属、葡萄球菌属等。

1）选取优质的液体石蜡装入 250 mL 的三角瓶中，装入量为三角瓶体积的 1/3，塞好棉塞，包扎后于 0.1 MPa 灭菌 30 min。

2）用无菌吸管在无菌操作下，吸取液体石蜡注入已培养至健壮的试管斜面菌种内，使其液面高于斜面顶部 1 cm 左右。

3）将试管以直立状态保存在 4～15℃的温度中。

（3）*沙管保存法*　此法适宜保存产生芽孢的细菌，对于保存营养细胞效果不好。

1）取干净河沙用 24 目筛子过筛。

2）将过筛沙放入大烧杯内，用 10％HCl 浸泡 24 h 后倒去盐酸，用清水和蒸馏水洗至中性，烘干。

3）分装在安瓿管中，装入量高达 1 cm 左右，塞好棉塞，0.1 MPa 灭菌 40 min，取出烘干。

4）随机抽查无菌情况，将抽出的沙管倒入肉膏蛋白胨培养基中，37℃培养 48 h，检查有无杂菌，若有杂菌则需重新灭菌，再作无菌检查，若无杂菌即可备用。

5）将新鲜健壮的斜面菌种以常法制成均匀的菌悬液。

6）用无菌吸管将菌悬液滴入沙管中，每管 10～15 滴，以使沙湿润为宜，并用接种针将沙和菌液搅拌均匀。

7）将安瓿管放在真空干燥器内，用真空泵抽干水分。

8）从已制好的沙管中抽出一管，取少量沙粒接种于斜面培养基上，观察生长情况和菌落数的多少，如生长正常可用火焰熔封管口，或用液体石蜡密封。

9）将沙管放入小干燥器内置冰箱保存。

2. 放线菌的保存

（1）*斜面法*　用高氏一号培养基斜面，操作方法与细菌保存法相同。每 3 个月移植一次。

(2) 沙管保存法　方法步骤与细菌沙管保存法相同。此法只适于产孢子丰富的放线菌。

(3) 麦粒保存法

1) 将优质麦粒浸泡 18～24 h 后分装于小三角瓶中,包扎后置 0.1 MPa 灭菌 40 min。

2) 待温度降至 30℃左右时移接放线菌孢子,适温培养后减压干燥,密封,放置在干燥器中,保存于低温。

(4) 琼脂水法

1) 在蒸馏水中加入 0.125% 优质琼脂,0.1 MPa 灭菌 30 min。

2) 将待保存的放线菌移接在高氏一号斜面培养基上,培养 2 周后取 5～6 mL 灭菌琼脂水加入斜面,制成孢子悬液。

3) 无菌移入带塞的小瓶中,密封,于低温下可保存 3 年左右。

3. 酵母菌的保存

(1) 斜面　采用麦芽汁培养基斜面,操作方法与细菌保存法相同。保存于 4～6℃,每 4～6 个月移植一次。对于裂殖酵母、阿氏假囊酵母等需 1～2 个月移植一次。

(2) 矿油封藏法　基本操作方法与细菌保存中的矿油封藏法相同。可采用麦芽汁培养基于 25℃培养酵母 2 天,注入液体石蜡后置 4～5℃保存。每 2 年移植一次。

(3) 蒸馏水法

1) 将酵母菌接种在麦芽汁培养基斜面培养基上,25℃培养 2 天。

2) 用无菌吸管取灭菌蒸馏水(用玻璃器皿蒸馏的蒸馏水)5 mL 加在斜面上,再用吸管轻轻拨动斜面上的菌体,呈均匀的分散悬液。

3) 在无菌条件下移入灭菌小三角瓶中,塞上灭菌橡皮塞,石蜡密封,置冰箱或室温中。可保存 2 年左右。

4. 霉菌的保存

(1) 斜面法　将待保存的霉菌移接到马铃薯葡萄糖培养基斜面上,28℃培养到产生健壮孢子或菌体后,置冰箱或低温干燥保存。每隔 4～6 个月移植一次。

(2) 土壤法　此法对保存青霉、曲霉和毛霉目的菌株效果较好。

1) 取肥沃土壤,过筛,装入 10 mm×100 mm 的小试管中,装量高达 1 cm 左右,包扎,0.1 MPa 灭菌 30 min,取出烘干。

2) 将待保存霉菌培养至产生健壮孢子时制成浓悬液。

3) 用无菌吸管取孢子悬液接种于土壤中,其量 0.5～1.0 mL,以湿润土壤为宜，搅匀。

4）干燥后（自然或减压干燥），密封，低温保存。

（3）麦麸干燥法

1）取新鲜含淀粉少的麦麸加80%的水搅拌均匀，用纸筒装入小试管（12 mm×100 mm）中，其量以高2 cm左右为宜，包扎，0.1 MPa灭菌30 min。

2）待温度降至室温，接种霉菌孢子，摇匀，并使试管内的麦麸疏松倾斜，置28℃培养成熟后，再继续培养2～3 d。

3）取出麦麸管，放入装有烘干的无水$CaCl_2$（或P_2O_5）的大试管里，管口塞上橡皮塞，用石蜡密封，置低温或室温可保存2～3年。

（4）滤纸片法

1）将直径为1 cm左右的滤纸片，平摆在30 mL三角瓶的底部，摆满瓶底后塞上棉塞，包扎（勿使滤纸片重叠），0.1 MPa灭菌20 min。

2）把待保存的霉菌移接在马铃薯葡萄糖培养基斜面上，置28℃培养成熟后，用浓度为7波美度的麦芽汁2～3 mL注入斜面，制成浓稠的孢子悬液。

3）在无菌操作下，用0.1 mL吸管或毛细吸管将孢子悬液滴在每个滤纸片上，每片1～2滴，塞上棉塞置真空下干燥。

4）干燥后换上无菌的橡皮塞，密封，放入冰箱保存。

5）复活培养，用无菌镊子取2～3片滤纸放入10 mL液体培养基中，或琼脂斜面的中部，置适温下培养。

5. 噬菌体的保存

即低温试管保存法。将高效价的噬菌体悬液分装于无菌试管中，加橡皮塞密封，置4～5℃保存。

【实验报告】

1. 记录各类微生物菌种保藏方法与结果。
2. 试述各类微生物的最佳保藏方法。

实验22　冷冻干燥保藏法

冷冻干燥法可长期（10年以上）保存菌种，而且存活率高、变异小。适用此法的微生物种类多，除不生孢子的丝状真菌外，其他各类微生物均可用此法保存。因此，冻干法是目前国内外一致认为比较理想的菌种保藏方法。在冷冻过程中，为了避免恶劣条件对微生物的损害，常采用添加保护剂的方法，常用的保护剂有脱脂牛奶、血清等。

【实验目的】

掌握冷冻干燥保藏菌种的方法。

【实验材料与用品】

1. 菌种

待保藏的各种菌种。

2. 试剂

2% HCl、牛奶。

3. 仪器与用品

离心机、冷冻真空装置、高频电火花真空检测器、安瓿管、标签、长滴管、脱脂棉、干冰等。

【实验步骤】

1. 准备安瓿管

安瓿管先用2% HCl浸泡8～10 h,再用自来水冲洗多次,最后用蒸馏水洗1～2次,烘干。将印有菌名和接种日期的标签放入安瓿管内,有字的一面应朝向管壁。管口塞上棉花。0.1 MPa灭菌30 min。

2. 制备脱脂牛奶

先将牛奶煮沸,除去上面的一层脂肪,然后用脱脂棉过滤,并以3 000 r/min离心15 min。可多次离心,直至除尽脂肪为止。牛奶脱脂以后以0.056 MPa灭菌30 min,并作无菌试验。

3. 制备菌悬液

以3～4 mL无菌脱脂牛奶于培养成熟的斜面菌种里,用长滴管轻轻刮取斜面上的菌苔,使成分散均匀的浓厚悬液,细胞数控制在每毫升$10^{9\sim10}$个。

4. 分装

用无菌长滴管或毛细吸管,吸取菌悬液滴入灭菌并烘干的安瓿管底部,勿沾染管壁,每管0.2 mL。

5. 预冻

把安瓿管中的菌悬液冻结成冰,使水分在冻结的状态下升华,以免在真空干燥时菌悬液沸腾,发生气泡而外溢。预冻的温度要低、速度要快,可以放入低温冰箱中(−45～−35℃)进行,也可以在无水乙醇干冰(固态的CO_2)浴中(−80～−70℃)进行。预冻的温度若高于−25℃,则菌悬液(因已混有保护剂冰点下降)结冰不坚实,真空干燥时易失败。

6. 冷冻干燥

将安瓿管外部的棉塞剪去,把内部的棉塞推至管口下面1 cm左右,再用橡胶管将安瓿管与分支管上的侧管连接起来。分支管的另一端与真空泵连接(图 22-1)。所有的连接处均用液体石蜡密封。然后将安瓿管放入饱和冰盐水中(−20℃),待安瓿管底部的悬液完全冻结时,立即开动真空泵抽气,至样品外观已基本干燥时,将分支管升高,离开冰浴置室温中(或换成水浴),再继续抽气干燥 1 h 左右。

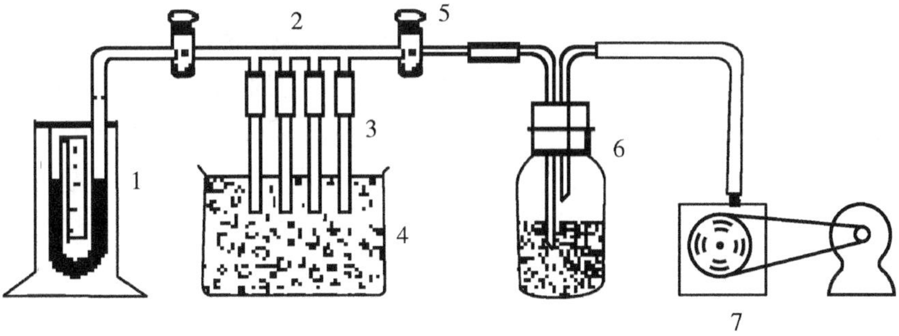

图 22-1　冷冻真空装置

1. 真空压力表;2. 分支管;3. 安瓿管;4. 冰浴;5. 阀门;6. 干燥剂;7. 真空泵

7. 测定水分

将干燥样品以失重法测定残留水分,检查其干燥的程度。一般控制残留水分在 3%以下,若高于 3%则需继续进行真空干燥。

8. 熔封

样品干燥后再继续抽气几分钟,当真空度达 0.1~0.2 mmHg 时,用喷灯细火焰在安瓿管的细颈处封口。

9. 检查真空度

密封后的安瓿管,可用高频电火花真空检测器来检测其真空情况。真空度愈高,管内呈现的蓝色愈深。检查时高频电火花要射在安瓿管的上部,不要射向样品。

10. 保存

把检查合格的安瓿管存放于冰箱中或室温暗处保存。

11. 恢复培养

如果要从中取出菌种恢复培养,可先用 75%乙醇将管的外壁消毒,然后将安瓿管上部用火焰上下烧热,再滴几滴无菌水,使管子破裂。再用接种针直接挑取松散的干燥样品,在斜面接种。也可将无菌液体培养基加入安瓿管中,使样品溶解,然后再用无菌吸管取出菌液至合适的培养基中进行培养。

【实验报告】

1. 记录冷冻干燥保藏微生物的方法和结果。

2. 试述冷冻干燥保藏微生物的优缺点。

实验 23　液氮超低温保藏法

液氮超低温保藏法是把保藏的菌种分散在保护剂中,或者把琼脂平板上生长好的培养物条块原封不动地置于保护剂中,经预冻后保藏在液氮超低温(−196℃)中。这是目前比较理想的一种菌种保藏方法,已被国外某些菌种保藏机构作为常规的方法应用。美国典型培养物保藏中心(American Type Culture Collection, ATCC)已于 1965 年开始应用这一方法。我国微生物菌种保藏中心采用的就是液氮超低温保藏法。此法适用于各种菌种的保藏,特别适于难以用冷冻真空干燥等方法保藏的菌种。例如,在培养基上只形成菌丝体而不产生孢子的真菌等,用液氮超低保藏就能取得理想的效果。此法在较长时间的保藏期内菌种的变异较小,但是投资的费用较大,并要有一个可靠的液氮源。

【实验目的】

了解液氮超低温冷冻保藏法原理,学习液氮冷冻保藏法基本操作。

【实验材料与用品】

1. 菌种和培养基

准备保藏的细菌、放线菌、酵母菌、霉菌或噬菌体,适于培养待保藏菌种的各种斜面培养基或琼脂平板、含 10% 甘油的液体培养基。

2. 保护剂

甘油、二甲基亚砜[Dimethyl Sulfoxide,$(CH_3)_2SO$]或蔗糖和吐温 80 等。

3. 仪器与用品

安瓿管、吸管、液氮冰箱及控速冷冻机等。

【实验步骤】

1. 制备安瓿管

在容积为 1.2 mL、外径为 1.2 cm 的安瓿管中,加入 10% 甘油或 10% 二甲基亚砜0.8 mL ,加棉塞 0.1 MPa 高压灭菌 30 min 后,把安瓿管编号备用。

2. 熔封

将待保藏的菌种悬液一滴,或把生长菌种的琼脂块(用直径 6 mm 的打孔器打孔)加到灭菌安瓿管的保护剂中(注意要无菌操作),然后去掉棉塞,火焰熔封。

3. 预冻和保藏

把熔封的安瓿管用控速冷冻机进行慢速冷冻,以每分钟下降 1℃的速度直至 −35℃,最后移到液氮中保藏。液氮冰箱内气相温度为 −150℃,液氮内为 −196℃。

若把安瓿管只保藏在液氮冰箱的气相里，则可以不用去掉棉塞，也不必熔封安瓿管口。

4. 复原

当保藏的菌种需要恢复培养时，可采用急速解冻的方法：把安瓿管从液氮中取出，立即置 38～40℃ 的水浴中摇动，直到管内的结冰完全融化为止。以无菌手续开启安瓿管，最后把菌种移到要求的培养基中，置室温下培养。

【注意事项】

1. 安瓿管必须严格密封，因为安瓿管熔封不严或稍有破裂，在保藏期间液氮就会渗入安瓿管内，使用时液氮就会从安瓿管内逸出，由于外面的温度高，液氮就会急速气化、膨胀而发生爆炸。所以，在安瓿管恢复培养时应采取一些相应的措施，如在水下融化（水层可以阻挡碎玻璃片四散）、操作人员应戴皮手套和面罩等。

2. 处理液氮时应仔细操作，因为液氮与皮肤接触极易被“冷烧”，损伤皮肤，氮气本身无色无臭，在较小的房间里操作应注意窒息，液氮容器应放置在通风良好的地方。

3. 在保藏过程中，取出安瓿管及其盛放的容器在液氮冰箱内排列很紧，容器又被水层所覆盖，标记不易看清楚，为了防止另外安瓿管的升温，取出安瓿管至放回的时间一般不能超过 1 min。

【实验报告】

1. 记录液氮超低温保藏微生物的方法和结果。

2. 试比较液氮超低温保藏法与冷冻干燥保藏法的优缺点。

第二部分

综合性实验

实验 24　微生物的分离与纯化

微生物种类繁多，既包括细菌、放线菌等原核生物，也包括霉菌、酵母菌等真核生物。从代谢类型来说，既包括化能异养菌，也包括化能自养菌和光能营养型微生物。要想对目标微生物进行分离和纯化，需要了解其分布规律，收集那些有可能存在目标微生物的样品，然后提供适合的营养要素和培养条件。

土壤具备微生物所需的营养、空气、温度和水分等条件，是微生物分布最集中的地方，是首选的采样目标。湖泊、河流和海洋等水体及其沉积物内分布着大量的微生物，也是常见的采样地。此外，动植物表面和内部也存在着特定的微生物类群。

不同代谢类型的微生物的营养要求和培养条件有很大差异，化能异养菌包括绝大多数原核生物和全部真菌，需要提供有机物和无机盐作为营养源；光能营养型的微生物如蓝细菌和光合细菌培养时需要提供光照；好氧菌的分离和培养需要充足氧气，而厌氧菌必须在厌氧条件下才能生长和繁殖。因此，要根据不同微生物的培养特性来设计分离培养基与培养条件。

分离到的微生物需要进行纯化，以获得纯培养，常用的方法有划线分离法、稀释涂布法、倾注法、组织分离法和单孢子分离法等。

实验 24-1　化能异养微生物的分离与纯化

【实验目的】

1. 掌握细菌、放线菌、酵母菌和霉菌稀释分离、划线分离等技术。

2. 学习从样品中分离、纯化出所需菌株。

3. 学习并掌握平板倾注法和斜面接种技术，了解培养细菌、放线菌、酵母菌及霉菌四大类微生物的培养条件和培养时间。

4. 学习平板菌落计数法。

【实验原理】

土壤是微生物生活的大本营，是寻找和发现有重要应用潜力的微生物的主要菌源。不同土样中各类微生物数量不同，一般土壤中细菌数量最多，其次为放线菌和霉菌。一般在较干燥、偏碱性、有机质丰富的土壤中放线菌数量较多；酵母菌在一般土壤中的数量较少，而在水果表皮、葡萄园、果园土中数量多些。本次实验从土壤中分离细菌、放线菌和霉菌；从面曲（发面用的引子）或酒曲或果园土中分离酵母菌。

为了分离和确保获得某种微生物的单菌落，首先要考虑制备不同稀释度的菌悬液。各类菌的稀释度因菌源、采集样品时的季节、气温等条件而异。其次应考虑各类微生物的不同特性，避免样品中各类微生物的相互干扰。细菌或放线菌在中性或微碱性环境较多，但细菌比放线菌生长快，分离放线菌时，一般在制备土壤稀释液时添加10%酚或在分离培养基中加相应的抗生素以抑制细菌和霉菌(如加链霉素25～50 μg/mL以抑制细菌；添加制霉菌素50 μg/mL或多菌灵30 μg/mL以抑制霉菌)。酵母菌和霉菌都喜酸性环境，一般酵母菌只能以糖为碳源，不能直接利用淀粉，酵母菌在pH 5时生长极快。而细菌生长适宜的酸碱度为pH 7，所以分离酵母菌时只要选择好适宜的培养基和pH，可降低细菌增殖率，霉菌生长慢，也不干扰酵母菌分离。若分离霉菌，需降低细菌增殖率，一般培养基临用前须添加灭过菌的乳酸或链霉素。为了防止菌丝蔓延干扰菌落计数，分离霉菌时常在培养基中加入化学抑制剂。

要想获得某种微生物的纯培养，还需提供有利于该微生物生长繁殖的最适培养基及培养条件。四大类微生物的分离培养基、培养温度、培养时间见表24-1所示。

表24-1　四大类微生物的分离和培养条件

样品来源	分离对象	分离方法	稀　释　度	培养基名称	培养温度/℃	培养时间/d
土　样	细　菌	稀释分离	$10^{-5}, 10^{-6}, 10^{-7}$	肉膏蛋白胨	30～37	1～2
土　样	放线菌	稀释分离	$10^{-3}, 10^{-4}, 10^{-5}$	高氏一号	28	5～7
土　样	霉　菌	稀释分离	$10^{-2}, 10^{-3}, 10^{-4}$	马　丁	28～30	3～5
面曲或土样	酵母菌	稀释分离	$10^{-4}, 10^{-5}, 10^{-6}$	豆芽汁葡萄糖	28～30	2～3
细菌分离平板	细菌单菌落	划线分离		肉膏蛋白胨	30～37	1～2

【实验材料与用品】

1. 菌源

选定采土地点后，铲去表层土2～3 cm，取3～10 cm深层土壤10 g，装入已灭过菌的牛皮纸袋内，封好袋口，并记录取样地点、环境及日期。土样采集后应及时分离，凡不能立即分离的样品，应保存在低温、干燥条件下，尽量减少其中菌种的变化。

从面曲中分离酵母菌的实验，面曲也可用酒曲等替代。

2. 培养基

肉膏蛋白胨培养基、马丁(Martin)培养基、高氏一号培养基、豆芽汁葡萄糖培养基(制平板和斜面)。

3. 无菌水或无菌生理盐水

配制生理盐水，分装于250 mL锥形瓶中，每瓶装99 mL(或95 mL为分离霉菌用)，每瓶内装10粒玻璃珠；分装于试管中，每管装4.5～5 mL(不超过试管高度的1/5)。

4. 其他试剂与用品

无菌培养皿、无菌移液管、无菌玻璃涂棒(刮刀)、称量纸、药匙、洗耳球、3%～5%来苏尔、10%酚溶液等。

【实验步骤】

1. 稀释分离法

平板分离菌有倾注法和涂布法两种。本次实验分离细菌、放线菌、霉菌时采用倾注法,分离酵母菌采用涂布法。

(1) 细菌的分离

1) 制备土壤稀释液：称取土样 1 g,在火焰旁加入盛有 99 mL 并装有玻璃珠的无菌水或无菌生理盐水锥形瓶中,振荡 10～20 min,使土样中菌体、芽孢或孢子均匀分散,制成 10^{-2}稀释度的土壤稀释液。然后按 10 倍稀释法进行稀释分离,以制备 10^{-2}稀释度为例,具体操作过程如下：取 4.5 mL 无菌水试管 6 支,按10^{-3}～10^{-7}顺序编号,放置在试管架上。取无菌移液管一支,从移液管包装纸套中间撕口,将包装纸套分成上、下两段,去除上段包装纸套,在移液管上端管口装橡皮头,取出下段移液管纸套放置桌面,以右手拇指、食指、中指拿住移液管上端的橡皮头,将吸液端口及移液管外部表面迅速通过火焰 2～3 次,杀灭撕纸套时可能污染的杂菌,切记不要用手指去触摸移液管吸液端口及外部。左手持锥形瓶底,以右手掌及小指、无名指夹住锥形瓶上棉塞,在火焰旁拔出棉塞(棉塞夹在手上,不能乱放在桌上),将 1 mL 移液管的吸液端伸进振荡混匀的锥形瓶土壤悬液底部,用手指轻按橡皮头,在锥形瓶内反复吹吸三次(吹吸时注意第二次液面要高于第一次吹吸的液面),然后准确吸取0.5 mL 10^{-2}土壤稀释液,右手将棉塞插回锥形瓶上,左手放下锥形瓶,换持一支盛有4.5 mL无菌水的试管,依前法在火焰旁拔除试管帽(或棉塞),将 0.5 mL 10^{-2}土壤稀释液注入 4.5 mL 无菌水试管内,制成 10^{-3}的土壤稀释液,将此移液管通过火焰再插入原来包装移液管的下段纸套内,以备再用。另取一只未用过的无菌移液管在试管内反复吹吸三次,然后取出移液管,并将其通过火焰再插入原来包装移液管的下段纸套内,以备再用。盖上试管帽。右手持 10^{-3}稀释液试管在左手上敲打 20～30 次。混匀土壤稀释液。再从纸套取出原来的移液管,插入稀释液已很匀的试管内,再吹吸三次,然后准确吸出 0.5 mL 10^{-3}的稀释液。置第二支装有 4.5 mL 无菌水试管中,制成 10^{-4}土壤稀释液。用同法再制成 10^{-5}、10^{-6}、10^{-7}的土壤稀释液(为避免稀释过程误差,进行微生物计数时,最好每一个稀释度更换一支移液管)。最后用毕的移液管重新放入纸套内。待灭菌后,再洗刷或将用过的移液管放在废弃物桶中,用 3%～5%来苏尔浸泡 1 h 后再灭菌洗涤。

2) 倾注法分离：取无菌培养皿 6～9 套,分别于培养皿底面按稀释度编号。稀释完毕后，可用原来的移液管从菌液浓度最小的 10^{-7} 土壤稀释液开始吸取 1 mL 稀释液，按无菌操作技术加到编号 10^{-7} 的无菌培养皿内。再依同样的方法分别吸取 1 mL 10^{-6}、10^{-5} 的土壤稀释液，分别加到编号为 10^{-6}、10^{-5} 的无菌培养皿内。使已灭菌的肉膏蛋白胨培养基融化，待冷却至 45～50℃左右，分别倾入已盛有 10^{-5}、10^{-6}、10^{-7} 土壤稀释液的无菌培养皿内。注意：温度过高易将菌烫死，且皿盖上冷凝水太多，会影响分离效果；低于 45℃培养基易凝固，平板易出现凝块、高低不平。倾倒培养基时注意要无菌操作，要在火焰旁进行。左手拿培养皿，右手拿锥形瓶底部，左手同时用小指和手掌将棉塞拔开，灼烧瓶口，用左手大拇指将培养皿盖打开一缝，至瓶口正好伸入，倾入培养基 12～15 mL，将培养皿在桌面上轻轻转动，使稀释的菌悬液与融化的琼脂培养基混合均匀，混匀后静置桌上，待凝。整个操作过程见图 24－1 和图 24－2。

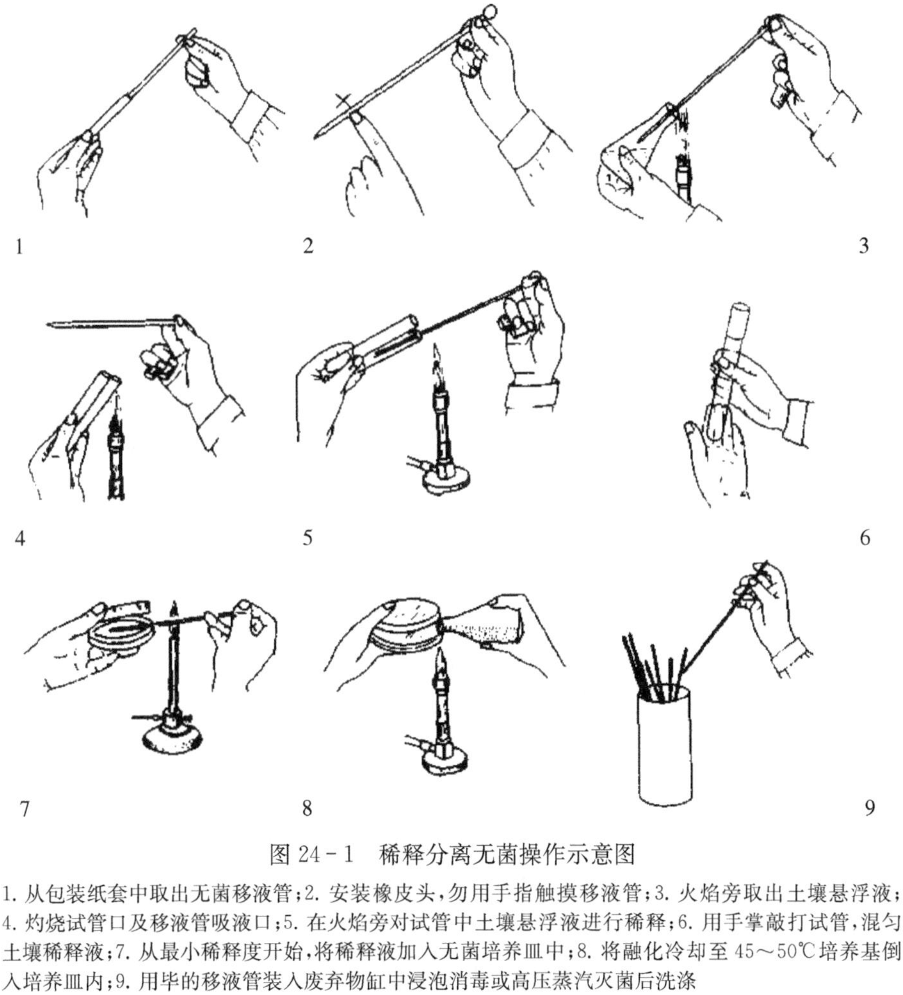

图 24－1　稀释分离无菌操作示意图

1. 从包装纸套中取出无菌移液管；2. 安装橡皮头，勿用手指触摸移液管；3. 火焰旁取出土壤悬浮液；4. 灼烧试管口及移液管吸液口；5. 在火焰旁对试管中土壤悬浮液进行稀释；6. 用手掌敲打试管，混匀土壤稀释液；7. 从最小稀释度开始，将稀释液加入无菌培养皿中；8. 将融化冷却至 45～50℃培养基倒入培养皿内；9. 用毕的移液管装入废弃物缸中浸泡消毒或高压蒸汽灭菌后洗涤

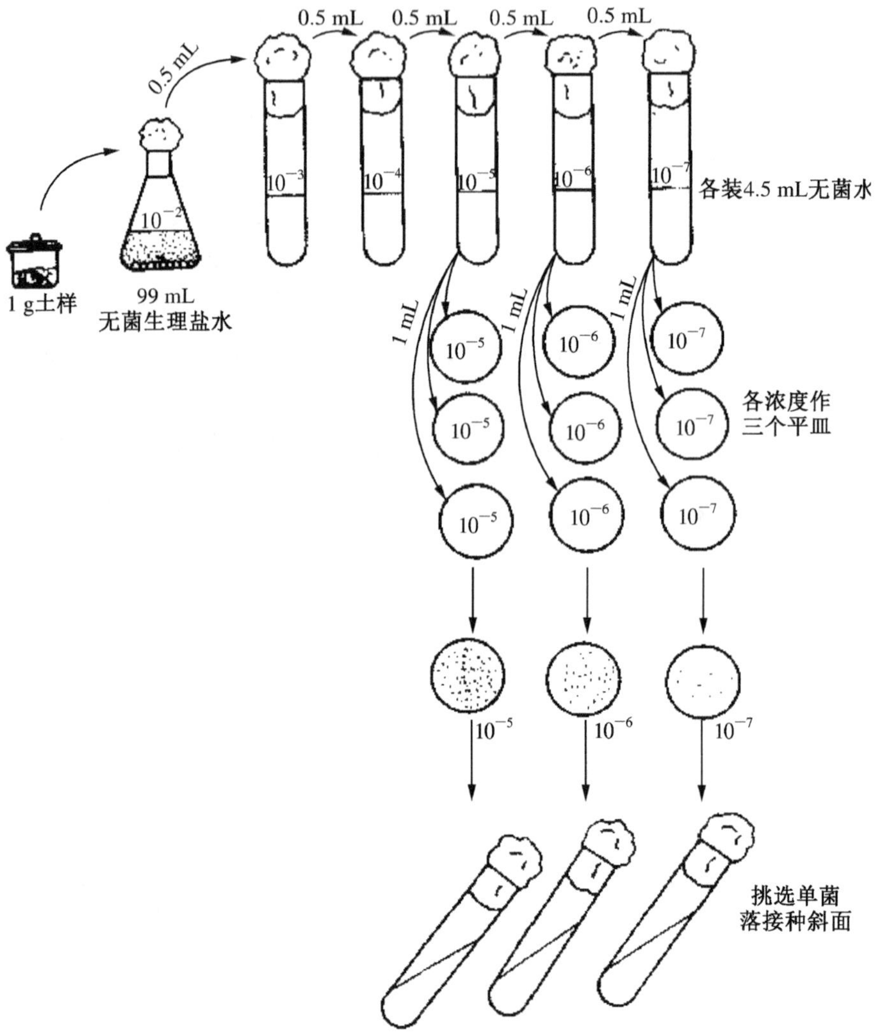

图 24-2 稀释分离过程示意图

3) 培养：待平板完全冷凝后，将平板倒置于 35～37℃恒温培养箱中，培养 24～48 h 观察结果。

(2) 放线菌的分离

1) 制备土壤稀释液：称取土样 1 g，加入盛有 99 mL 并装有玻璃珠的无菌水或无菌生理盐水锥形瓶中，并加入 10 滴 10%酚溶液(抑制细菌生长，可用 1%的重铬酸钾溶液代替 10%酚溶液，效果更好)。振荡后静置 5 min，即成 10^{-2} 土壤稀释液。

2) 倾注法分离：按前法将土壤稀释液分别稀释为 10^{-3}、10^{-4}、10^{-5} 三个稀释度，然后用无菌移液管依次分别吸取 1 mL 10^{-5}、10^{-4}、10^{-3} 土壤稀释液于对应编号的无菌培养皿内，用高氏合成 1 号培养基依前法倾倒平板，每个稀释度做 2～3 个平行培养皿。

3）培养：冷凝后，将平板倒置于 28℃恒温培养箱中，培养 5～7 d 观察结果。

（3）霉菌的分离

1）制备土壤稀释液：称取土样 5 g，加入盛有 95 mL 无菌水或无菌生理盐水并装有玻璃珠的锥形瓶中，振荡 10 min，即成 10^{-2} 土壤稀释液。

2）倾注法分离：依前法将土壤稀释液再稀释成 10^{-3}、10^{-4} 的土壤稀释液。然后用无菌移液管分别吸取 1 mL 10^{-4}、10^{-3}、10^{-2} 土壤稀释液于相应编号的无菌培养皿内。采用马丁培养基倾倒平板，为了抑制细菌生长和降低菌丝蔓延速度，马丁培养基临用前需无菌操作加入孟加拉红、链霉素和去氧胆酸钠。每个稀释度作 2～3 个平行培养皿。

3）培养：冷凝后将平板倒置于 28℃恒温培养箱中，培养 3～5 d 后观察结果。

（4）酵母菌的分离

1）制备菌悬液：称取面曲 1 g，加入盛有 99 mL 无菌水或无菌生理盐水并装有玻璃珠的锥形瓶中，面曲发黏，用接种铲在锥形瓶内壁磨碎后移入无菌水或生理盐水内，振荡 20 min，即成 10^{-2} 的面曲稀释液。若选用果园土样，也依前法称取 1 g 土样，制成 10^{-2} 土壤稀释液。

2）涂布法分离：依前法向无菌培养皿中倾倒已融化并冷却至 45～50℃的豆芽汁葡萄糖培养基，待平板冷凝后，用无菌移液管分别吸取上述 10^{-6}、10^{-5}、10^{-4} 三个稀释度菌悬液 0.1 mL，依次滴加于对应编号已制备好的豆芽汁葡萄糖培养基平板上。右手持无菌玻璃涂棒，左手拿培养皿，并用拇指将皿盖打开一缝，在火焰旁右手持玻璃涂棒于培养皿平板表面将菌液自平板中央均匀向四周涂布扩散，切忌用力过猛将菌液直接推向平板边缘或将培养基划破（图 24－3）。

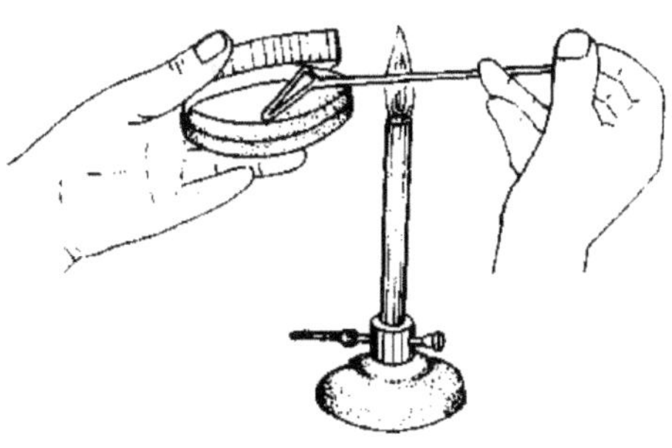
图 24－3　涂布操作示意图

3）培养：接种后，将平板倒置于 30℃恒温培养箱中，培养 2～3 d 观察结果。

2. 划线分离法

菌种被其他杂菌污染时或混合菌悬液常用划线法进行纯种分离。此法将蘸有混合菌悬液的接种环在平板表面多方向连续划线，使混杂的微生物细胞在平板表面分散，经培养得到分散成由单个微生物细胞繁殖而成的菌落，从而达到纯化目的。平板制作方法如前所述。但划线分离的培养基必须事先倾倒好,需充分冷凝待平板稍干后方可使用;为便于划线,一般培养基不宜太薄,每皿约倾倒 20 mL 培养基,培养基应厚薄均匀,平板表面光滑(图 24-4)。划线分离方法主要有连续划线法和分区划线法两种。

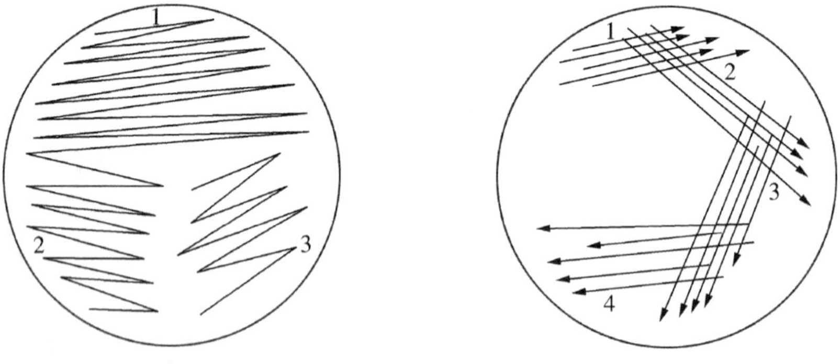

图 24-4 划线分离方法示意图

A. 连续划线法;B. 分区划线法

(1) 连续划线法 连续划线法是从平板边缘一点开始,连续作波浪式划线直到平板的另一端为止,当中不需灼烧接种环上的菌(图 24-4A)。以无菌操作用接种环直接取平板上待分离纯化的菌落。将菌种点种在平板边缘一处,取出接种环,烧去多余菌体。将接种环再次通过稍打开皿盖的缝隙伸入平板(图 24-5),在平板边缘空白处接触一下使接种环冷却,然后从接种有菌的部位在平板上自左向右轻轻划线。划线时平板面与接种环面成 30°~40°的角度,以手腕力量在平板表面轻巧滑动划线。接种环不要嵌入培养基内划破培养基,线条要平行密集,充分利用平板表面积,注意勿使前后两条线重叠。划线完毕,关上皿盖。灼烧接种环,待冷却后放置接种架上。培养皿倒置于适温的恒温培养箱内培养(以免培养过程中皿盖冷凝水滴下,冲散已分离的菌落)。培养后在划线平板上观察沿划线处长出的菌落形态,涂片镜检为纯种后再接种斜面。

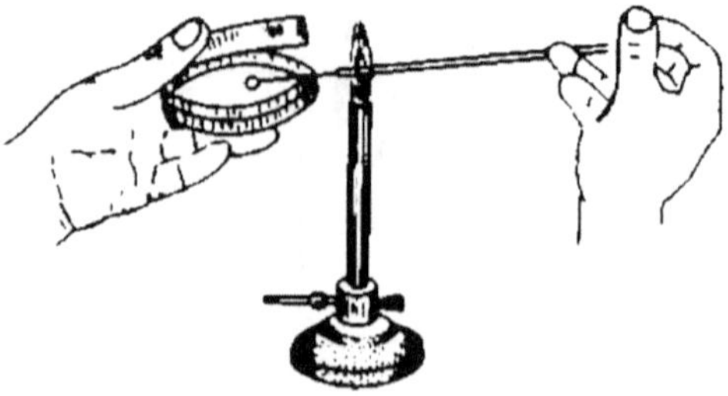

图 24-5 划线分离无菌操作示意图

(2) 分区划线法 平板分四区,故又称四分区划线法。划线时每次将平板转动 60°~70°划线(图 24-4B),每换一次角度,应将接种环上的菌烧死后,再在上次划线末尾处继续划线。取菌、接种、培养方法与连续划线法相似。分区划线法划线分离时平板分 4 个区,其中 4 区是单菌落的主要分布区,故其划线面积应最大。为防止 4 区内划线与 1、2、3 区线条和接触,应使 4 区线条与 1 区线条和平行,这样区与区间线条夹角最好保持在 120°左右。先将接种环蘸取少量菌在平板 1 区划 3～5 条平行线,取出接种环,左手关上皿盖,将平板转动 60°～70°,右手把接种环上多余菌体烧死,将烧红的接种环在平板边缘冷却,再按以上方法以 1 区划线的菌体为菌源,由 1 区向 2 区作第二次平行划线。第二次划线完毕,再把平皿转动 60°～70°,同样依次在 3 区、4 区划线。划线完毕,灼烧接种环,关上皿盖,同上法培养,在划线区观察单菌落。

本次实验在分离细菌的平板上选取单菌落,于肉膏蛋白胨平板上再次划线分离,使菌进一步纯化。划线接种后的平板,倒置于 30℃恒温培养箱中培养 24 h 后观察结果。

3. 微生物菌落计数(平板菌落计数法)

含菌样品的微生物经稀释分离培养后,每一个活菌细胞可以在平板上繁殖形成一个肉眼可见的菌落。故可根据平板上菌落的数目,推算出每克含菌样品中所含的活菌总数。

$$\begin{array}{c}\text{每克含菌样品中}\\\text{微生物的活细胞数}\end{array}=\frac{\text{同一稀释度的 3 个平板上菌落平均数}\times\text{稀释倍数}}{\text{含菌样品克数}}$$

一般由三个稀释度计算出的每克含菌样品中的总活菌数和同一稀释度出现的总活菌数均应很接近,不同稀释度平板上出现的菌落数应呈规律性地减少。如相差较大,表示操作不正确。通常以第二个稀释度的平板上出现 50 个左右菌落为好。也可用菌落计数器计数。

4. 平板菌落形态及个体形态观察

从不同平板上选择不同类型菌落用肉眼观察,区分细菌、放线菌、酵母菌和霉菌的菌落形态特征,并用接种环挑菌,观察其与基质结合紧密程度。再用接种环挑取不同菌落制片,在显微镜下进行个体形态观察。记录所分离的含菌样品中明显不同的各类菌株的主要菌落特征和细胞形态。

5. 分离纯化菌株转接斜面(斜面接种)

在分离细菌、放线菌、酵母菌和霉菌的不同平板上选择分离效果较好,认为已经纯化的菌落各挑选一个用接种环接种斜面。

将细菌接种于肉膏蛋白胨斜面,放线菌接种于高氏一号斜面,酵母菌和霉菌接种于豆芽汁葡萄糖斜面上。

贴好标签,在各自适宜的温度下培养,培养后观察是否为纯种,记录斜面培养条件及菌苔特征。置冰箱保藏。

【实验报告】

1. 简述分离微生物纯种的原则及列出分离操作过程的关键无菌操作技术。

2. 将记录四大类微生物的分离方法及培养条件填入表 24-2 中。

表 24-2 微生物四大类菌的分离方法及培养条件

分离对象	样品来源	分离方法	稀释度	培养基	培养温度/℃	培养时间
细 菌	土壤					
放线菌	土壤					
霉 菌	土壤					
酵母菌	果园土或面曲					

3. 将你所分离的微生物平板菌落计数结果填入表 24-3 中。

表 24-3 平均每克样品所含微生物数

培养皿	每皿长出菌落数	每克样品所含菌数
第一皿		
第二皿		
第三皿		
平均值		

4. 将你所分离样品中单菌落菌株的菌落培养特征与镜检形态填入表 24-4 中。

表 24-4 含菌样品中分离的菌株特征记录

分离日期________ 地点________

分离培养基	菌株编号	菌落特征	镜检形态

5. 将斜面培养条件及菌苔特征(包括纯化结果)填入表 24-5 中。

表 24-5 四大类微生物的斜面培养条件及菌苔特征

微生物	培养基名称	培养温度/℃	培养时间	菌苔特征	纯化程度
细 菌					
放线菌					
酵母菌					
霉 菌					

【思考题】

1. 稀释分离时，为什么要将已融化的琼脂培养基冷却到 45～50℃左右才能倾入装有菌液的培养皿内？

2. 为什么对细菌、放线菌和霉菌的稀释分离采用倾注法，而对酵母菌的稀释分离采用涂布法？

3. 分区划线分离时为什么每次都要将接种环上多余的菌体烧掉？连续划线时为何不能重叠？

4. 在恒温箱中培养微生物时为何培养皿均须倒置？

5. 分离某类微生物时培养皿中可能出现其他类微生物，请说明原因。应该如何进一步分离和纯化？经过一次分离的菌种是否皆为纯种？若不纯，应采用哪种分离方法最合适？

6. 根据哪些菌落特征可区分细菌、放线菌、酵母菌与霉菌？它们的细胞结构表现在菌落形态上有什么联系？

实验 24-2 光合细菌的分离与纯化

【实验目的】

1. 学习并掌握从高浓度有机废水或污泥中采样、富集培养、分离、纯化光合细菌。

2. 了解培养兼性光能异养型细菌的培养基和培养方法。

【实验原理】

光合细菌是一类具有光合色素，能在厌氧、光照条件下进行不放氧光合作用的原核生物，广泛分布于缺氧的深层淡水或海水中。由于光合细菌对多种有机物具有较强的分解能力，对氰、酚等有毒物质的耐受性较强，可用于处理有机废水，所产生的菌体还可用于饲料或食品添加剂等。目前所知的光合细菌可分为着色杆菌科(红硫菌科，又称红色或紫色硫细菌)、红螺菌科(又称红色或紫色非硫细菌)、绿菌科(又称绿硫细菌)和绿色屈挠菌科(又称滑行丝状绿色硫细菌)。其中，红螺菌科细菌在有机污水治理、光合细菌饲料蛋白、天然色素、光合细菌产氢等应用研究中最为活跃。本实验以红螺菌科细菌为代表,介绍光合细菌分离、纯化方法。

【实验材料与用品】

1. 菌源

高浓度有机废水污染的污泥。

2. 培养基

红螺菌细菌增殖培养基:酵母膏 3 g,乙酸钠 3 g,氯化钙 0.3 g,氯化镁 0.5 g,加水定容至 1 L,pH 7.0。

3. 仪器与用品

250 mL 无菌具塞锥形瓶、稀释分离用的无菌水、无菌培养皿、移液管、玻璃涂棒等。

【实验步骤】

1. 采样

红螺菌科细菌广泛分布于高浓度有机废水中,可用无菌铲子直接取底泥 50~100 g,装入无菌具塞锥形瓶,再取高浓度有机废水 100 mL,装入锥形瓶,带回实验室。采样时记录地点、日期、水温、pH、是否有 H_2S 等气味。

2. 富集培养

将 200 mL 红螺菌细菌增殖培养基倒入具塞锥形瓶,与底泥、污水搅拌均匀,在 25~35℃下用 2 000~5 000 lx 的光照强度进行光照培养 1~2 周(最好用白炽灯,40~60 W,锥形瓶应放在离电灯 15~50 cm 处)。然后用无菌滴管吸取红色细菌和污水样品 1~2 mL,移植到另一具塞锥形瓶中,加灭过菌的红螺菌细菌增殖培养基,继续光照培养 1~2 周,使红螺菌科细菌在培养液中占优势。

3. 分离纯化

先用无菌生理盐水对富集培养的红螺菌细菌菌悬液适当稀释,再加入已融化并冷却至 45~50℃左右的红螺菌增殖培养基(含 0.5%琼脂)混匀,制备半固体高层琼脂柱,28℃厌氧光照培养 1 周,待棕红色菌落出现后,经镜检为纯培养物,可穿刺接种于内装红螺菌分离培养基的半固体高层琼脂柱中,于 28℃、3 000 lx 光照条件下厌氧培养 48 h,也可接种到红螺菌增殖液体培养基中进行静置光照培养。

4. 红螺菌科的鉴别

红螺菌科细菌细胞主要呈球形、卵形、杆状、螺旋状,大部分单个存在,细胞大小为(0.6~0.7)μm×(1.0~10)μm,有鞭毛能运动,繁殖方式为二等分裂,少数为出芽生殖。红螺菌科分红螺菌属、红假单胞菌属和红微菌属,菌体形态分别为螺旋状、杆状和卵球状,可通过光学显微镜观察菌体形态和运动性,测定细胞大小,进行初步鉴定。

【实验报告】

将分离纯化红螺菌科细菌的菌落特征和镜检特征填入表24-6中。

表24-6 红螺菌科细菌观察记录表

菌源及菌株编号	菌落特征	镜检特征		
		细胞形状	细胞大小	鞭毛

【思考题】

1. 为什么培养光合细菌的光源采用白炽灯,而不选用荧光灯?为什么培养光合细菌的容器与光源要求相距15~50 cm?

2. 分离、纯化红螺菌科细菌过程中采取哪些措施使培养菌保持厌氧状态?

实验24-3 厌氧菌的分离与纯化

【实验目的】

1. 了解几种厌氧菌的培养方法。
2. 学习分离样品中的厌氧菌。

【实验原理】

厌氧菌是指那些在没有氧气的环境中才能生长、繁殖的微生物。不同种类的厌氧菌对氧的耐受程度有很大的差异。有些梭菌可在有氧的情况下存活,而一些产甲烷细菌一旦暴露在空气中就会立即死亡。厌氧菌在自然界中分布广泛,种类繁多,与人类的生活关系密切,作用也日益引起重视。由于它们不能代谢氧来进一步生长,且在多数情况下氧分子的存在对其机体有害,所以在进行分离、培养时必须处于除去了氧气及氧化还原电势低的环境中。目前培养厌氧微生物的主要技术包括亨氏滚管技术、厌氧罐培养技术和厌氧手套箱培养技术等。

1. 亨氏滚管技术

亨氏滚管技术由美国微生物学家亨盖特(Hungate)于1950年首次提出并应用,其原则是在制备、保存等各个环节中,结合物理和化学方法驱除和避免接触氧气:① 利用高纯氮气(或氢气、二氧化碳)驱除小环境气相中的氧气;② 煮沸培养基液体以驱除溶解氧;③ 向培养基中加入硫化钠、半胱氨酸等还原剂,利用其还原作用驱除氧,从而保证严格厌氧菌的存活。

要获得无氧氮气(或氢气、二氧化碳)需要借助铜柱系统除氧,铜柱是一个内部装有铜丝或铜屑的硬质玻璃管,加温至350℃时,可使通过柱体的氧气与铜反应而被除去。培养对氧有一定耐受性的厌氧菌时,也可直接使用99.999%的高纯氮气。此外,亨氏滚管技术需要用到厌氧管,厌氧管管口加盖丁基橡胶塞,外套铝帽或塑料盖,可严密塞住管口。将菌液稀释后通过注射器接种到装有溶化的无氧琼脂培养基的厌氧管中,平放,经过均匀滚动后,可使含菌培养基布满在试管的内表面上,培养后,可长出许多单菌落。

2. 厌氧罐培养技术

厌氧罐是一种小型的密封容器,可保证厌氧菌在培养过程中处于良好的无氧环境。但培养基的配制和菌种接种、分离、保藏等操作过程中不能保证无氧。目前,厌氧罐培养技术已经商业化,有多种品牌的厌氧罐产品(厌氧罐罐体、催化剂、产气袋、厌氧指示剂)可供选择,使用起来十分方便。

3. 厌氧手套箱培养技术

厌氧手套箱是一种用于培养、研究严格厌氧菌的箱形密闭装置,其内部成分为 $N_2 : CO_2 : H_2 = 85 : 5 : 10(V/V)$,并有钯催化剂保证箱内处于高度无氧状态。使用两个乳胶手套对箱内物品进行操作。外界物体进出箱体可通过密闭和有抽换气装置的交换室进行。

在厌氧培养过程中,经常使用刃天青(resazurin)作为指示剂。刃天青在无氧条件下呈无色,在有氧条件下,其颜色与溶液的pH有关,一般在中性时呈紫色,碱性时呈蓝色,酸性时为红色。如果加入刃天青的无氧培养基由无色变为红色,表明培养基已经被氧化,不能用于培养厌氧菌。

【实验材料与用品】

1. 菌源

土壤或污泥。

2. 培养基

肉膏蛋白胨培养基。

3. 溶液或试剂

琼脂、琼脂粉、半胱氨酸、0.1%刃天青母液(W/V)1 mol/L NaOH 等。

4. 仪器与用品

装有分压表的高纯氮气钢瓶、圆底烧瓶、电炉、厌氧管、弯头滴管、无菌注射器、厌氧罐、日本三菱厌氧产气袋、厌氧指示剂等。

【实验步骤】

1. 亨氏滚管技术

(1) 高压钢瓶的使用　钢瓶上装上配套的减压阀，逆时针旋转调压手柄至螺杆松动为止。打开钢瓶总阀，此时压力表显示出瓶内贮气总压力。慢慢地顺时针转动调压手柄，至低压表显示出实验所需压力为止。停止使用时，先关闭钢瓶总阀，待减压阀中残余气体散尽后，再关闭减压阀。

(2) 无氧无菌水的配制　将1 000 mL圆底烧瓶放置在电炉上，加入500 mL蒸馏水，向水中加入0.5 mL 0.1%的刃天青母液(终浓度0.000 1%)和0.25 g半胱氨酸(终浓度0.05%)。加热至水沸腾，随着水中含氧量的下降刃天青经历紫色—红色—无色的颜色变化，当溶液变为无色后，再煮沸5 min，然后通高纯氮气1～2 min。使用注射器吸取无氧水注入已换气的厌氧管或厌氧瓶中，再往厌氧管或厌氧瓶中通气20～30 s，在抽出氮气流针头的同时塞紧丁基橡胶塞，最后旋紧塑料盖子。121℃高压蒸汽灭菌20 min。

(3) 厌氧菌培养基配制

1) 液体培养基的配制：按照配方配制培养基，定容后，加入刃天青母液(终浓度0.000 1%)和半胱氨酸(终浓度0.05%)，用NaOH调节pH。将装有培养基的圆底烧瓶在电炉上加热，沸腾后往烧瓶中通氮气，通气1 min后关掉电炉，用注射器吸取适量培养基注入厌氧管或厌氧瓶中，通气20～30 s，塞上丁基橡胶塞，旋紧塑料盖子。121℃高压蒸汽灭菌20 min。

2) 固体培养基的配制：按照配方配制培养基，定容后加入刃天青母液(终浓度0.000 1%)和半胱氨酸(终浓度0.05%)，用1 mol/L NaOH调节pH。将装有培养基的圆底烧瓶在电炉上加热，加入琼脂粉，煮沸至琼脂粉溶化后关掉电炉，沸腾后往烧瓶中通氮气。用注射器吸取4.5 mL培养基注入厌氧管中，通气20～30 s，塞上丁基橡胶塞，旋紧塑料盖子。121℃高压蒸汽灭菌20 min。灭菌后的培养基冷却至60℃左右可进行滚管操作，暂时不用的培养基琼脂凝固后再进行滚管操作时需加热溶化。

(4) 厌氧菌的分离纯化　首先将盛有厌氧培养基的厌氧管中琼脂溶化，置于50～55℃水浴中使琼脂保持溶化状态。用无菌水稀释好准备分离的样品，并用无菌注射器准确地吸取0.5 mL待分离的样品，在无菌条件下注入厌氧管中，使菌液与培养基充分混合，立刻将厌氧管水平放置在装有冰水混合物的搪瓷浅盘中滚动，使培养基均匀地凝固在厌氧管内表面上形成一薄层，置于37℃培养。为了防止含菌量过高，可采用10倍稀释法，用琼脂培养基稀释分离样品，一般稀释到10^{-7}～10^{-8}倍时，有可能分离到单菌落。琼脂很易凝固，操作应迅速。当在滚管中长出菌落后,可用灭菌的弯头滴管吸取长有菌落的琼脂,加至新的无菌厌氧培养基中进一步培养。通过镜检或代谢产物测定,得到较纯培养物,重复上述滚管操作直至获得纯培养。

2. 厌氧罐培养法

(1) 倒平板　按照配方配制固体培养基,加入刃天青母液(终浓度 0.000 1%)和半胱氨酸(终浓度 0.05%),用 1 mol/L NaOH 调节 pH,加热至琼脂溶化,倒平板。

(2) 厌氧菌的分离纯化　将待分离的样品,采用 10 倍稀释法稀释,吸取 0.5 mL液体加到平板上,用无菌涂棒涂布,或直接进行划线分离。然后将平板置于厌氧罐的培养皿支架上,放入厌氧罐内。剪开厌氧产气袋的一角,将其置于罐内金属架上。同时,由另一同学配合,剪开指示剂袋,使指示条暴露(还原态为无色,氧化态为蓝色),立即放入罐中。迅速盖好厌氧罐罐盖,置 30℃温室培养,观察并记录罐内情况变化及菌种生长情况。重复上述操作,直至获得纯培养。

【实验报告】

将分离纯化到的厌氧菌的菌落特征和镜检特征填入表 24-7 中。

表 24-7　厌氧菌菌落观察记录表

菌源及菌株编号	菌落特征	镜检特征		
		细胞形状	细胞大小	鞭毛

【思考题】

1. 根据你所做的实验,你认为这两种厌氧培养法各有何优缺点?除此之外,你还知道哪些厌氧培养技术?请简述其特点。

2. 如何判定你分离到的菌株是厌氧菌?

实验 24-4　植物内生菌的分离与纯化

【实验目的】

1. 掌握内生真菌的分离、培养和形态学鉴定方法。

2. 掌握内生细菌的分离、培养和形态学鉴定方法。

3. 掌握内生放线菌的分离、培养和形态学鉴定方法。

【实验原理】

植物内生菌(endophyte)是指在其生活史的一定阶段或全部阶段生活于健康植物组织内部或细胞间隙、不引起植物产生明显病症的微生物。植物与其内生菌构成了稳定的共生关系。内生菌具有产生某些与植物相同或相似化合物的能力,可作为天然活性物质的重要来源。

植物内生细菌已成为近十年内微生物研究的一大热点,国内外有关研究报道不断增加。自20世纪中叶起,国外就已经在多种植物中分离得到了不同种属的内生细菌。国内虽起步较晚,但有人从番茄、棉花、富贵竹、辣椒、哈密瓜、马尾松、烟草和水稻等不同种类的植物中分离得到多种内生细菌,主要有以下几个属:芽孢杆菌属(*Bacillus*)、黄单孢菌属(*Xanthomonas*)、假单胞菌属(*Pseudomonas*)、欧文氏菌属(*Erwinia*)及短小杆菌属(*Curtobacterium*),其中属于芽孢杆菌属的菌株在多种植物中都为最多。

放线菌由于生长较慢,分离比较困难,必须用特殊的、具有高度选择性的分离条件才能分离到。初步的研究证实,从植物内生放线菌已经分离到多种新抗生素,可以杀灭多种引起人体、动物及植物病害的细菌、真菌、病毒和原生动物。内生放线菌还可用于控制植物病害,已分离到的一些内生放线菌菌株,多数对引起作物病害的真菌具有抗菌活性。此外,内生放线菌还可用于化工行业和治理环境污染。

【实验材料与用品】

1. 植物材料

黄瓜、甘蓝、小麦、水稻等植物的根、茎、叶。

2. 培养基

(1) 真菌分离培养基

1) 马铃薯葡萄糖双抗固体培养基:马铃薯200 g,葡萄糖20 g,琼脂15 g,灭菌后加入150 μg/mL青霉素钾和120 μg/mL硫酸链霉素。

2) 水琼脂双抗固体培养基:琼脂15 g,蒸馏水1 000 mL,灭菌后加入150 μg/mL青霉素钾和120 μg/mL硫酸链霉素。

3) 植物组织水琼脂双抗固体培养基:将20 g金钱松枝叶煮20 min,加入20 g琼脂,加水补至1 000 mL,灭菌后加入150 μg/mL青霉素钾和120 μg/mL硫酸链霉素。

4) 大豆酪蛋白琼脂(tryptose soya agar, TSA)培养基:胰蛋白胨15 g,大豆蛋白胨5 g,氯化钠30 g,琼脂15 g,蒸馏水1 000 mL。

(2) 细菌分离培养基　牛肉膏蛋白胨培养基。

(3) 放线菌分离培养基

1) 高氏一号培养基。

2) 麦芽膏-酵母膏培养基：蛋白胨 3 g,酵母浸膏粉 5 g,甘油 10 g,甜菜碱 1.25 g,丙酮酸钠 1.25 g,复合维生素微量,琼脂 12 g,蒸馏水 1 000 mL,pH 7.2。

3. 试剂

75%乙醇,次氯酸钠,无菌水,15%甘油,吐温 20,无菌 2.5%硫代硫酸钠等。

4. 仪器与用品

超净工作台,恒温培养箱,无菌搅拌杯,解剖针,封口膜,显微镜等。

【实验步骤】

1. 样品的采集与表面消毒

用流动水冲洗植物的叶、茎及根,以去除表面灰尘和杂物,用滤纸吸干材料表面的水分。采用联合消毒法对叶、茎部位进行表面消毒,其具体做法是：清洗样品→0.01%吐温 20 处理 30 s→有效氯含量为 5%的次氯酸钠处理 4～7 min(根、茎、叶处理时间不同)→无菌水清洗多次→无菌 2.5%硫代硫酸钠处理 10 min→75%乙醇处理 5min→无菌水清洗多次→置于无菌铺有滤纸的培养皿中干燥。

2. 植物内生细菌的分离纯化

在超净工作台上,叶片取其中脉;枝条及根部先去除表皮,取其韧皮部,切成 0.2 cm 长左右的条段,放入 5 mL 离心管中。材料与水比例为 1∶2(质量体积比),加入无菌水浸泡 2～3 h,取 10 μL 菌悬液为原液,依次梯度稀释至 10^{-3}(3 个梯度)。吸取每个梯度的菌悬液 100 μL,铺在牛肉膏蛋白胨培养基上,每个梯度 3 个重复,28℃培养 2～6 d,观察并记录结果。

根据菌落的颜色及形态,将不同菌种在牛肉膏蛋白胨培养基上进行划线纯化以得到该菌株的单菌落。于 28℃培养 1～2 d 之后,4℃保存备用。

3. 植物内生放线菌的分离纯化与培养

表面消毒后的样品放入无菌搅拌杯中捣碎,涂布于高氏一号培养基上,28℃培养 4 周以上,待放线菌长出后,挑取少量菌体用高氏一号培养基纯化。纯化后的菌株接种于麦芽膏-酵母膏培养基。

4. 植物内生真菌的分离纯化

将表面消毒后的枝条剪去两头褐变部分,将其剪成 0.5 cm 小段,去除木质部,保留韧皮部。将韧皮部和叶剪成 0.5 cm×0.5 cm 小片。把处理过的韧皮部和叶片分别植入不同浓度马铃薯葡萄糖双抗固体培养基、水琼脂双抗固体培养基和植物组织水琼脂双抗培养基平板中，每皿植入 4～5 片，用封口膜将培养皿密封，置于培养箱中，22～28℃倒置培养，所有样品在 4 h 内完成内生真菌的分离工作。12 h 观察一次，待茎、叶切面处长出菌丝后，挑取其尖端部分移至新的马铃薯葡萄糖培养基平板上，28℃培养，经反复几次纯化后，即得到植物内生真菌纯培养物。

5. 表面灭菌效果检测方法

在内生菌分离的整个无菌操作过程中，在超净工作台内各放置 3 个敞开盖子的牛肉膏蛋白胨培养基平板和马铃薯葡萄糖培养基平板，以检测超净工作台中的无菌风洁净度，从而保证分离平板中长出的菌落来源于植物材料，而不是来源于环境的杂菌。

把最后一次漂洗材料的无菌水分别涂布于牛肉膏蛋白胨培养基平板和马铃薯葡萄糖培养基平板上，28℃培养，以确定表面消毒是否完全。

在内生真菌分离的整个无菌操作过程中，将经上述表面灭菌处理的完整枝段和叶片压入马铃薯葡萄糖培养基平板内，使表面灭菌材料与马铃薯葡萄糖培养基接触 20 min，移去灭菌植物材料，28℃培养 7 d。以上马铃薯葡萄糖培养基平板经，此平板经 28℃培养 7 d 后，若两种对照处理马铃薯葡萄糖培养基平板上无菌落出现，表明植物材料表面灭菌彻底，表面真菌已完全被杀灭，植物材料上长出的菌丝为内生真菌，否则，说明植物材料表面灭菌不彻底，培养物可能混入表面真菌。

【实验报告】

1. 分别记录分离得到的真菌、放线菌、细菌种类并描述其菌落特征（表 24－8～表 24－10）。

2. 写出植物内生真菌、细菌和放线菌的分离流程图。

表 24－8 植物内生真菌记录表

样品编号	平皿编号	菌落特征	鉴定种类
1			
3			
4			
5			
…			

表 24－9 植物内生细菌记录表

样品编号	平皿编号	菌落特征	鉴定种类
1			
2			
3			
4			
5			
…			

表 24－10 植物内生放线菌记录表

样品编号	平皿编号	菌落特征	鉴定种类
1			
2			
3			
4			
5			
…			

【注意事项】

1. 由于要验证分离物是否是真正的内生菌而不是外源菌非常困难，验证流程也很长，而且未必可靠。因此，排除外源菌的污染、检验表面消毒的效果非常重要。

2. 在内生放线菌的分离中，应尽量抑制真菌和细菌的生长，同时又要尽可能避免影响内生放线菌的生长，因此选择性分离培养基的设计极为重要。常用的真菌抑制剂主要为放线菌酮、制霉菌素、苯菌灵和重铬酸钾。常用的细菌抑制剂主要为萘啶酸、青霉素等。

3. 所有采集样品在 4℃保存,并在一周内进行内生细菌及放线菌的分离培养；在一个月内进行内生真菌的分离培养。

4. 分离及接种过程要保证严格无菌操作。

【思考题】

1. 植物内生菌通常寄生于哪些部位?

2. 植物材料无菌处理的方法有哪些?

3. 用水浸片法制片观察内生真菌、细菌和放线菌的形态特征,并绘制示意图。

实验 25　常见细菌的初步鉴定

细菌的形态微小，结构简单，随着研究方法的进步，细菌分类鉴定的方法从最初的形态描述、生理生化鉴定，发展到现在的生物大分子的化学分析、基因组碱基构成和系统发育的分析。对于常见细菌，如肠杆菌、芽孢杆菌等，可结合形态观察和特定的生理生化实验分析进行初步鉴定(图 25－1)。

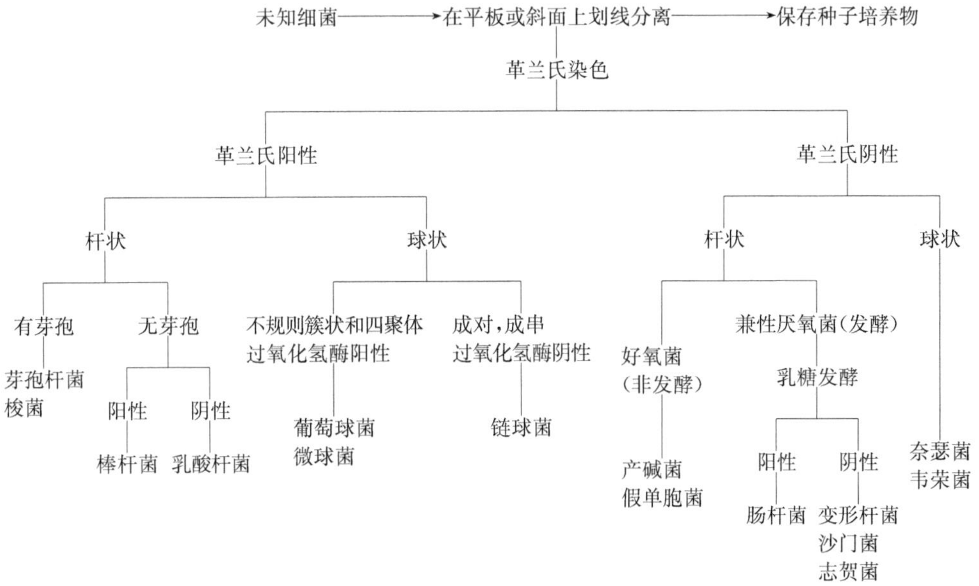

图 25－1　常见细菌的初步鉴定流程图

实验 25－1　大肠菌群的鉴定

【实验目的】

掌握大肠菌群的鉴定方法。

【实验原理】

大肠菌群是指一群能发酵乳糖，产酸产气，需氧和兼性厌氧的革兰氏阴性无芽孢杆菌。由肠杆菌科中四个菌属内的一些细菌组成。该菌群主要来源于人畜粪便，故以此作为粪便污染指标来评价水和食品的卫生质量具有广泛的卫生学意义。

为准确鉴定出样品中的大肠菌群，可采用形态观察、革兰氏染色、糖发酵实验和选择培养基平板分离相结合的方法。

发酵试验的液体培养基含有乳糖、蛋白胨和溴甲酚紫。许多细菌因不能发酵乳糖所以不生长，而大肠菌群可发酵乳糖产酸(有机酸)、产气(CO_2+H_2)，乳糖起选择性碳源的作用。溴甲酚紫是 pH 指示剂(碱性条件：紫蓝色；酸性条件：黄色；变色点：pH=6.7)，当大肠菌群的细菌利用乳糖产酸后，原来的 pH 由中性转变成酸性，培养基从紫色变为黄色。另外，溴甲酚紫还具有抑制其他细菌(如芽孢杆菌)生长的作用。将样品接种在具倒置杜氏小管的发酵管内，于 37℃下培养，24 h 后杜氏小管的顶端出现气泡，表明有气体产生，培养基混浊，颜色变黄，说明水中存在大肠菌群，视为阳性结果。

平板分离用培养基通常为伊红美蓝培养基(EMB 培养基)。伊红美蓝培养基中含有伊红与美蓝这两种苯胺类染料，它们不但可以抑制 G^+ 菌和一些难培养的 G^- 菌，而且在低酸度时，两种染料结合形成沉淀，起着产酸指示剂的作用。大肠菌群因其强烈发酵乳糖而产生大量的混合酸，使菌体表面带上正电荷，可染上伊红染料，伊红与美蓝结合，菌体被染上深紫色，在含有两种染料呈紫色的培养基上，形成带核心、具金属光泽的菌落。而其他肠道细菌如肠杆菌属、沙门菌属、克雷伯菌属，虽然也能发酵乳糖，但产酸力弱，菌落呈棕色。不发酵乳糖、不产酸的变形菌属，菌落则无色透明。在伊红美蓝培养基上，大肠菌群呈现特征性菌落，因此，凡是出现这种菌落可确认为是大肠菌群。

【实验材料与用品】

1. 菌种和培养基

标准菌种为大肠杆菌，未知菌种为样品中筛选出的细菌。伊红美蓝琼脂培养基(制成平板)、糖发酵培养基(乳糖)。

2. 试剂与用品

载玻片、酒精灯、灭菌吸管、革兰氏染色液、试管、培养皿等。

【实验步骤】

1. 乳糖发酵试验

取乳糖发酵培养基试管，以无菌操作分别接种大肠杆菌和未知菌种至试管中，于 37℃温箱培养 24 h，未产气者继续培养至 48 h。

2. 伊红美蓝培养基平板分离与纯化

经培养，将 24 h 和 48 h 产酸产气的发酵管，分别在伊红美蓝培养基平板上进行划线，于 37℃温箱培养 18～24 h，将符合下列特征的菌落用接种环挑取少许，涂片进行革兰氏染色，镜检。

1) 菌落深紫黑色，有金属光泽。

2) 菌落紫黑色，不带或略带金属光泽。

3）淡紫红色，中心颜色较深。

具有以上特征的菌落为可疑大肠菌群菌落，用接种环挑取菌落中少量菌体进行涂片、染色、镜检，如为 G^- 菌、无芽孢的杆菌，用接种针挑取原菌落（涂片时的菌落）的其余部分，重新接种于乳糖发酵培养基试管中，37℃培养 24 h，观察产酸产气情况。凡在复发酵管中产酸产气，涂片染色镜检为 G^-、无芽孢的杆菌，即可确认为大肠菌群。

【实验报告】

将细菌乳糖发酵试验和伊红美蓝培养基平板培养结果填入表 25－1 中。

表 25－1　细菌培养结果

	大肠杆菌	未知细菌
乳糖发酵 伊红美蓝培养基培养		

【思考题】

伊红美蓝培养基含有哪几种主要成分？这些成分在大肠菌群检测中分别起什么作用？

实验 25－2　芽孢杆菌属种的鉴定

【实验目的】

掌握芽孢杆菌属有关种的鉴定方法和技术。

【实验原理】

芽孢杆菌属（*Bacillus*）细菌多数是中温菌，少数能耐高温；大部分是腐生菌，常见于土壤，少数是动物或昆虫致病菌。细胞杆状，大小为（0.3～2.2）μm×（1.2～7.0）μm，菌体内会产生抗热的芽孢。大多数种能运动，周生鞭毛。这类细菌为化能异养菌，好氧或兼性厌氧，过氧化氢酶阳性。该属细菌 DNA 的 G+C% 为 32～62 mol %（T_m），在《伯杰氏鉴定细菌学手册》（第 8 版）中属第十五部分——芽孢杆菌科（Bacillaceae），包括 22 个种和一些未定的种。

本实验依据戈登（Gordon）分类法，将芽孢杆菌属分为三群，包括 21 个种和一些未定位的种。第一群芽孢囊膨大不明显，芽孢椭圆形或柱形，中生至端生，革兰氏阳性。本群根据菌体粗细又可分成两群：① 菌体大于 0.9 μm，常见的巨大芽孢杆菌（*B.megaterium*）、蜡状芽孢杆菌（*B.cereus*）；② 菌体细的小于 0.9 μm，如枯草芽孢杆菌等。第二群芽孢囊膨大，芽孢椭圆形，中生至端生，革兰氏染色不定，包括多黏芽孢杆菌(*B. polymyxa*)、嗜热脂肪芽孢杆菌(*B. stearoihermophilus*)等。第三群芽孢囊膨大,芽孢球形,端生至次端生,仅球形芽孢杆菌(*B. sphaericus*)一种。各种的检索及特征的比较见附录3。

【实验材料与用品】

1. 菌种和培养基

标准菌种包括枯草芽孢杆菌、巨大芽孢杆菌。未知菌种包括芽孢杆菌若干有代表性的菌株。培养基见附录1。

2. 仪器与用品

9 cm培养皿、接种环、15 mm×150 mm试管、试管架、10 mm×100 mm小试管、酒精灯、250 mL三角瓶、手提式灭菌锅、1 000 mL烧杯、恒温培养箱(调节30℃)、pH试纸(pH 5.4~8.0)、恒温水浴锅、调节pH的酸溶液和碱溶液,试剂及药品见附录4。

【实验步骤】

芽孢杆菌属分种的鉴定以形态特征及生理生化特性为主,并结合生态条件来进行。

1. 个体形态的观察

根据芽孢杆菌属鉴定的要求须进行以下几项染色观察。

(1) 革兰氏染色　一般采用12~14 h菌龄的细菌进行染色。对某些染色不定的菌株(如高温芽孢杆菌)要重复多次加以判断。芽孢杆菌属大多数种是革兰氏阳性菌,少数种染色不定。个别种如日本甲虫芽孢杆菌(*B. popilliae*)和缓病芽孢杆菌(*B. lentimorbus*)是革兰氏阴性菌。

(2) 美蓝染色　取在葡萄糖营养琼脂上培养12~14 h的培养物,用0.1%美蓝进行淡染色,观察原生质中有无聚β-羟基丁酸颗粒。

(3) 芽孢染色　确定孢囊的形态(膨大、不明显膨大、梭状或鼓槌状)、芽孢在孢囊中位置(中生、端生或次端生)以及芽孢的形态(椭圆、柱状、圆形)。

(4) 鞭毛染色　采用12~14 h菌龄的细菌进行染色,确定有否鞭毛及鞭毛着生的位置。

(5) 测量菌体大小　利用革兰氏染色涂片进行菌体大小的测量。菌体大小以微米(μm)为单位。

2. 群体形态(菌落形态和培养特征)的观察

不同种的细菌,在不同性质或状态的培养基上的生长特征各异,因此可作为鉴定细菌的依据之一。

(1) 在肉汤液体培养基上的形态　把试验菌接种在肉汤液体试管中,30℃培养1~2 d,观察菌体是否形成菌膜、菌环或沉淀(絮状沉淀、颗粒状沉淀),或者是均匀混浊。注意：在观察前切勿摇动试管。

(2) 在肉汤琼脂固体培养基上的菌落形态

1) 在斜面上的培养特征：用接种针挑取少量菌苔，直线接种于肉汤琼脂斜面上，30℃培养 1～2 d，观察接种线上菌苔的形态，如线状、有小刺、念珠状、扩展状或假根状等。

2) 在肉汤琼脂平板上的菌落特征：将菌种划线接种于肉汤琼脂平板上，培养 24 h，观察并记录单菌落的形态和特征：① 菌落形态：圆形，不规则形，菌丝体状，根状扩展等；② 菌落质地：表面光滑，湿润，干燥，皱褶等；③ 菌落边缘：边缘整齐，缺刻状、波状或裂叶状等；④ 菌落的光学特性：透明，半透明，不透明；⑤ 菌落的颜色和是否分泌可溶性色素等。

3. 生理生化试验

细菌个体微小，形态特征简单，在分类鉴定中单凭形态学特征是不能达到鉴定目的的，必须借助许多生理生化指标来加以鉴别。细菌对各种生理生化试验的不同反应，显示出各类菌种的酶系不同，因此，所反映的结果也比较稳定，可作为鉴定的重要依据。鉴定芽孢杆菌属的各个种需做的生理生化试验包括过氧化氢酶反应、需氧性试验、糖发酵试验(木糖、葡萄糖、阿拉伯糖、甘露醇)、伏-波试验(VP 试验)，并测定 VP 培养液生长后的 pH、淀粉水解试验、产糊精结晶试验(仅用于鉴定个别种)、柠檬酸盐(或丙酸盐)的利用、马尿酸盐水解、二羟丙酮的形成、明胶液化、酪素水解、酪氨酸水解、石蕊牛奶反应、硝酸盐还原试验、苯丙氨酸脱氨试验、卵磷脂酶测定、耐盐性试验(2%、5%、7% NaCl)、在酸性营养肉汤(pH 5.7)中的生长、对溶菌酶(0.001%)的抗性试验、对叠氮化钠(0.02%)的抗性试验、细菌的最低及最高生长温度的测定。以上生理生化试验的具体方法可参考《伯杰氏鉴定细菌学手册》(第 8 版)。

总之，对一株未知细菌进行鉴定，首先应根据形态特征鉴别是属哪一大类(科或属)，然后再根据其生理生化特性借助检索表来确定是哪个种，并和标准种的特征加以比较，最后定出种名来。还可用血清学技术和核酸探针技术以及 PCR 技术进一步确证。

【实验报告】

1. 列表记录几株芽孢杆菌的特征。
2. 参照芽孢杆菌检索表，对实验所用菌株进行鉴定。

实验 25-3 用 16S rDNA 方法鉴定细菌种属

【实验目的】

1. 掌握 16S rDNA 对细菌进行分类的原理及方法。

2. 掌握 DNA 提取、聚合酶链反应(polymerase chain reaction, PCR)的原理及方法,以及 DNA 片段回收等实验操作。

【实验原理】

随着分子生物学的迅速发展,细菌的分类鉴定从传统的表型、生理生化分类进入到各种基因型分类水平,如 G+C%、DNA 杂交、rDNA 指纹图、质粒图谱和 16S rDNA 序列分析等。

细菌中包括三种核糖体 RNA,分别为 5S rRNA、16S rRNA、23S rRNA,rRNA 基因由保守区和可变区组成。16S rRNA 对应于基因组 DNA 上的一段基因序列称为 16S rDNA。16S rRNA 具有保守性和存在的普遍性等特点,序列变化与进化距离相适应,序列分析的重现率极高。因此,现在普遍采用 16S rRNA 对细菌种属进行鉴定。

【实验材料与用品】

1. 菌株

E.coli 或枯草芽孢杆菌(*Bacillus subtilis*)。

2. 培养基

LB 液体培养基(见附录 1)。

3. 仪器与物品

细菌基因组 DNA 提取试剂盒,胶回收试剂盒(Agarose Gel DNA Purification Kit),16S rDNA 引物,PCR 混合物,RNA 酶,溶菌酶,蛋白酶(protein K),加样缓冲液,无水乙醇,超纯水和 TE 缓冲液等。

电泳槽,紫外凝胶成像系统,高速冷冻离心机,台式离心机,低温冰箱,恒温水浴锅,微量移液器,PCR 仪,0.2 mL 无菌离心管 5 mL 无菌离心管,1.5 mL 无菌离心管,无菌吸头,吸水纸,移液管,锥形瓶,一次性手套等。

【实验步骤】

1. 细菌基因组 DNA 的提取

1) 挑取单菌落接种到 10 mL LB 培养基中 37℃振荡过夜培养。

2) 取 2 mL 培养液到 5 mL 无菌离心管中,8 000 r/min 离心 2 min 后弃去上清液,再向离心管中加入 2.5 mLTE 缓冲液。

3) 再从同一离心管中取 2 mL 培养液到 5 mL 无菌离心管中,8 000 r/min 离心 2 min后弃去上清液。

4) 使用细菌基因组 DNA 提取试剂盒提取细菌基因组 DNA。

5) 取 5 μL DNA 提取液加入 2 μL 加样缓冲液进行电泳检测质量。

2. PCR 扩增

(1) PCR 扩增引物　K1: 5^1 - AGAGTTTGATCCTGGCTCAG - 3^1;K2: 5^1 - GT

TACCTTGTTACGACTT－3′。

(2) PCR 扩增体系　在 0.2 mL 无菌离心管中加入 1 μL DNA，再依次加入下列反应混合液：

16S(F)	1 μL (10 μmol/L)
16S(R)	1 μL (10 μmol/L)
2×PCR 混合物	25 μL
Dd H_2O	22 μL

反应体系 50 μL，简单离心混匀。

(3) PCR 反应条件　扩增条件如下。

35 循环（50℃(45 s)—72℃(100 s)）

94℃(3 min)—94℃(30 s)—50℃(45 s)—72℃(100 s)—72℃(7 min)。

(4) PCR 电泳检测　将扩增后的样品点入预先制备好的 0.7%～1%琼脂糖凝胶大孔中，电泳后在紫外凝胶成像系统下检测扩增结果。

(5) 分离和回收目的片段　用胶回收试剂盒对 PCR 扩增产物进行纯化。

(6) 序列测定　纯化后的目的片段送到测序公司测序，也可以直接将电泳检测后的 PCR 产物送到测序公司，让公司对产物进行纯化和测序。

(7) BLAST 比对获取相似片段　将测序得到的 16S rDNA 序列在 NCBI 上进行 BLAST 比对，选择与比对序列相似度高的菌株。

(8) 构建系统进化树　将选择的序列与测序序列用 DNAStar 软件的 MegAlign 构建菌株系统进化树。

【注意事项】

1. 细胞裂解应注意：① 材料应适量，过多会影响裂解，导致 DNA 量少，纯度低；② 高温温浴时要定时轻柔振荡。

2. DNA 若长期储存建议用 TE 缓冲液溶解，TE 缓冲液中的 EDTA 能螯合 Mg^{2+} 或 Mn^{2+}，抑制 DNA 酶活性，TE 缓冲液 pH 8.0 可以防止 DNA 发生酸解。

3. 将 DNA 分装，保存于缓冲液中，避免反复冻融。

【实验报告】

1. 写出细菌 DNA 电泳检测结果，并对结果进行分析。

2. 写出细菌的 16S rDNA 分子鉴定结果。

【思考题】

1. 简述细菌 DNA 的提取方法和步骤。

2. 根据测序结果，到 NCBI 数据库上进行比对，确定该未知菌的种属。

3. 根据比对结果绘制进化树。写明所用软件及大致的分析方法。

实验 26 理化因素的诱变效应

【实验要求】

1. 观察紫外线和亚硝基胍等理化因素对枯草芽孢杆菌的诱变效应。

2. 掌握理化诱变的基本方法。

【实验原理】

基因突变泛指细胞内(或病毒粒内)遗传物质的分子结构或数量突然发生的可遗传的变化,可自发或诱导产生。自发突变的概率一般很低(10^{-6}~10^{-9}),利用某些物理、化学或生物因素可显著提高基因自发突变的频率。具有诱变效应的因素被称为诱变剂。

紫外线(UV)是一种最常用的物理诱变因素。紫外线辐射能引起 DNA 链的断裂、DNA 分子内和分子间的交联等,但最主要的是使双链之间或同一条链上两个相邻的胸腺嘧啶形成二聚体,阻碍正常配对,从而引起突变。可见光照射能激活光解酶,将胸腺嘧啶二聚体解开而使 DNA 恢复正常。因此,为了避免光复活,用紫外线照射处理时以及处理后的操作应在红光下进行,并且将照射处理后的微生物放在暗处培养。

亚硝基胍(nitrosoguamidine,NTG)是一种烷化剂,主要作用是引起 DNA 链中 GC→AT 的转换。其作用部位又往往在 DNA 的复制叉处,易造成双突变,故有超诱变剂之称。亚硝基胍也是一种致癌因子,在操作中要特别小心,切勿与皮肤直接接触。凡有亚硝基胍的器皿都要用 1 mol/L NaOH 溶液浸泡,使残余亚硝基胍分解破坏。

本实验用产生淀粉酶的枯草芽孢杆菌 BF7658 作为试验菌,根据试验菌诱变后在淀粉培养基上透明圈直径的大小来指示诱变效应。一般来说,透明圈越大,淀粉酶活性越强。

【实验材料与用品】

1. 菌株和培养基

枯草芽孢杆菌 BF7658,淀粉培养基、LB 液体培养基。

2. 试剂

亚硝基胍、碘液、无菌生理盐水、盛有 4.5 mL 无菌水的试管。

3. 仪器与物品

1 mL 无菌吸管、玻璃涂棒、血细胞计数板、显微镜、紫外灯(15 W)、磁力搅拌器、台式离心机振荡混合器等。

【实验步骤】

1. 紫外线对枯草芽孢杆菌 BF7658 的诱变效应

(1) 菌悬液的制备

1) 取培养 48 h 且生长丰满的枯草芽孢杆菌 BF7658 斜面 4～5 支，用 10 mL 左右的无菌生理盐水将菌苔洗下，倒入一支无菌大试管中。将试管在振荡混合器上振荡 30 s，以打散菌块。

2) 将上述菌液以 3 000 r/min 离心 10 min，弃去上清液。用无菌生理盐水将菌体洗涤 2～3 次，制成菌悬液。用显微镜直接计数法计数，调整细胞浓度为 10^8 个/mL。

(2) 平板制作　将淀粉培养基融化，倒平板 27 套，凝固后待用。

(3) 紫外线照射

1) 预热紫外灯：将紫外线开关打开预热约 20 min，使紫外线照射强度稳定。紫外灯功率为 15 W，照射距离为 30 cm。

2) 加菌液：取直径 6 cm 无菌平皿 3 套，分别加入上述调整好细胞浓度的菌悬液3 mL，并放入一根无菌搅拌棒或大头针。

3) 照射：将上述 3 套平皿先后置于磁力搅拌器上，打开磁力搅拌器开关，先照射 1 min，再打开皿盖，分别搅拌照射 30 s、1 min 和 3 min。盖上皿盖，关闭紫外灯。照射计时从开盖起至加盖止。操作者应戴上玻璃眼镜，以防紫外线伤眼睛。

(4) 稀释菌液

1) 稀释：用 10 倍稀释法把经过照射的菌悬液在无菌水中稀释成 10^{-1}～10^{-6}。

2) 涂布菌液：取 10^{-4}、10^{-5} 和 10^{-6} 三个稀释度涂平板，每个稀释度涂 3 套平板，每套平板加稀释菌液 0.1 mL，用无菌玻璃涂棒均匀地涂满整个平板表面。以同样的操作，取未经紫外线处理的菌液稀释涂平板作为对照。

注意，从紫外线照射材料开始，直到涂布完平板的几个操作步骤都需在红灯下进行。

(5) 培养　将上述涂匀的平板，用黑色的布或纸包好，置 37℃培养 48 h。注意，每个平板背面要事先标明处理时间和稀释度。

(6) 计数　将培养好的平板取出进行细菌计数。根据对照平板上活菌数(cfu)，计算出每毫升菌液中的 cfu 数。同样计算出紫外线处理 30 s、1 min 和 3 min 后的 cfu 数及致死率。

$$存活率(\%)=\frac{处理后每毫升\ cfu\ 数}{对照每毫升\ cfu\ 数}\times 100\%$$

$$致死率(\%)=\frac{对照每毫升\ cfu\ 数-处理后每毫克\ cfu\ 数}{对照每毫升\ cfu\ 数}\times 100\%$$

(7) 观察诱变效应　　选取 cfu 数在 5～6 个左右的处理后涂布的平板观察诱变效应。分别向平板内加碘液数滴,在菌落周围将出现透明圈。分别测量透明圈直径并计算其比值(HC 比值)。与对照平板相比较,说明诱变效应,并选取 HC 比值大的菌落移到试管斜面上培养,保存备用。

2. 亚硝基胍对枯草芽孢杆菌 BF7658 的诱变效应

(1) 菌悬液制备　　将试验菌斜面菌种挑取一环接种到含 5 mL 淀粉培养液的试管中,置 37℃振荡培养过夜。然后取 0.25 mL 过夜培养液至另一支含 5 mL 淀粉培养液的试管中,置 37℃振荡培养 6～7 h。

(2) 平板制作　　将淀粉培养基融化,倒平板 10 套,凝固后待用。

(3) 涂平板　　取 0.2 mL 上述菌液倒入一套淀粉培养基平板上,用无菌玻璃涂棒将菌液均匀地涂满整个平板表面。

(4) 诱变　　在上述平板稍靠边的一个位点上放少许亚硝基胍结晶,然后将平板倒置于 37℃恒温箱中培养 24 h。放在亚硝基胍的位置周围将出现抑菌圈(图 26-1)。

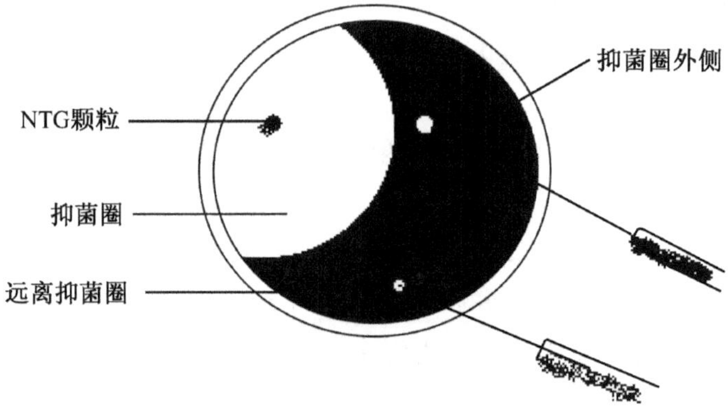

图 26-1　亚硝基胍平板诱变

(5) 增殖培养　　挑取紧靠抑菌圈外侧的少许菌苔到盛有 20 mL LB 液体培养基的三角瓶中,摇匀,制成处理后菌悬液。同时,挑取远离抑菌圈的少许菌苔到另一盛有 20 mL LB 液体培养基的三角瓶中,摇匀,制成对照菌悬液。将上述 2 只三角瓶置于 37℃振荡培养过夜。

(6) 涂布平板　　分别取上述两种培养过夜的菌悬液 0.1 mL 涂布淀粉培养基平板。处理后菌悬液涂布 6 套平板,对照菌悬液涂布 3 套平板。涂布后的平板,置37℃恒温箱中培养48 h。实际操作中可根据两种菌液的浓度适当地用无菌生理盐水稀释。注意，每套平板背面做好标记，以区别经处理的和对照。

(7) 观察诱变效应　分别向cfu数在5～6个左右的处理后涂布的平板内加碘液数滴，在菌落周围将出现透明圈。分别测量透明圈直径与菌落直径并计算其比值(HC比值)。与对照平板相比较，说明诱变效应，并选取HC比值大的菌落移接到试管斜面上培养。此斜面可作复筛用。

【实验报告】

1. 将紫外线诱变结果填入表26-1中。

表26-1　紫外线诱变结果

平均稀释倍数 / cfu皿数 / 处理时间	10^{-4}	10^{-5}	10^{-6}	存活率/%	致死率/%
0(对照)					
30 s					
1 min					
3 min					

2. 观察诱变效应并填入表26-2中。

表26-2　不同处理下诱变结果

HC比值 / 菌落 / 诱变剂	1	2	3	4	5	6	…
UV							
NTG							
对照							

【思考题】

1. 紫外线引起诱变作用的机制是什么？为保证诱变效果，在照射中及照射后的操作应注意哪些问题？

2. 在制备供紫外线照射用的菌液时，应控制哪些影响诱变效果的因素？

3. 本实验中用亚硝基胍处理细胞应用了一种简易有效的方法，并减少了操作者与亚硝基胍的接触。能否用本实验结果计算亚硝基胍的致死率？为什么？如果不能，你能设计其他方法计算致死率吗？

实验 27 抗药性突变株的分离

【实验目的】

学习用梯度平板分离抗药性突变株。

【实验原理】

抗药性突变株是指野生型菌株因发生基因突变而产生的对某化学药物的抗性变异类型,可在加有相应药物的培养基平板上选出。抗药性突变是由于 DNA 分子的某一特定位置的结构改变所致,与药物的存在无关,药物的存在只是作为筛选某种抗药性菌株的一种手段。抗药性突变在科学研究和育种实践上是一种十分重要的选择性遗传标记,有些抗药性菌株还是重要的生产菌种。因此,掌握分离抗药性突变株的方法是十分必要的。

为了便于选择适当的药物浓度,分离抗药性突变株常用梯度平板法。通过制备存在药物浓度梯度的平板,在其上涂布诱变处理后的细胞悬液,极个别抗性突变的细胞会在平板上药物浓度比较高的部位长出菌落。将这些菌落挑取纯化,进一步进行抗性试验,就可以得到所需要的抗药性菌株。

【实验材料与用品】

1. 菌株和培养基

E. coli Str^s,牛肉膏蛋白胨培养基、牛肉膏蛋白胨培养液(分装于离心管中,每管 5 mL)。

2. 试剂

链霉素、生理盐水。

3. 仪器与物品

无菌离心管、培养皿、无菌吸管、玻璃涂棒、离心机等。

【实验步骤】

1. 制备菌悬液

从已活化的斜面菌种上挑一环 *E. coli* 于装有 5 mL 牛肉膏蛋白胨培养液的无菌离心管中(接 2 支离心管),置 37℃条件下培养 16 h 左右,3 500 r/min 离心 10 min,弃去上清液后再用生理盐水洗涤 2 次,弃上清液,重新悬浮于 5 mL 生理盐水中。将 2 支离心管的菌液一并倒入装有玻璃珠的锥形瓶中,充分振荡以分散细胞,制成 10^8 个/mL 的菌液。然后吸 3 mL 菌液于装有磁力搅拌棒的培养皿(直径 6 cm)中。

2. 紫外线诱变处理

同实验 26。

3. 抗药性突变型的检测

(1) 梯度平板法

1) 制备梯度平板：将融化好的10 mL牛肉膏蛋白胨培养基倒入培养皿，立即将培养皿斜放，使高处的培养基正好位于皿边与皿底的交接处。待凝固后，将培养皿平放，再加入含有链霉素(100 μg/mL)的牛肉膏蛋白胨培养基10 mL。凝固后，便得到链霉素浓度从100 μg/mL到0 μg/mL逐渐递减的梯度培养皿(图27-1A)。然后在皿底作一个"↑"符号标记，以示药物浓度由低到高的方向。

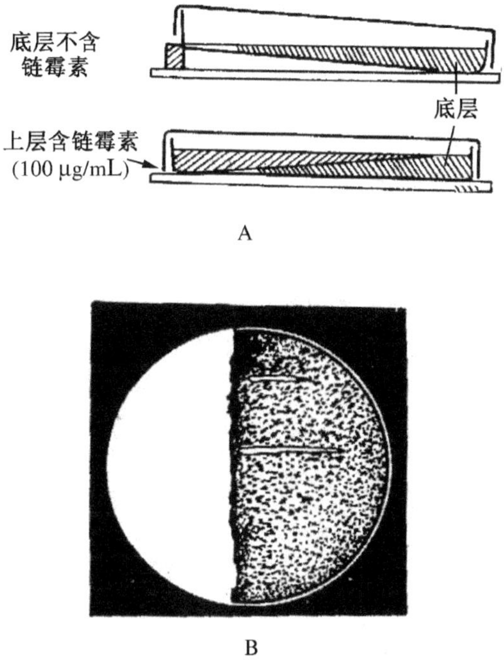

图27-1　在链霉素的梯度培养皿上枯草芽孢杆菌的生长情况

A. 梯度培养皿的制作；B. 细菌生长情况

2) 筛选抗药性菌株：用无菌吸管吸取0.2 mL诱变后的*E. coli*培养液加到梯度平板上，用无菌玻璃涂棒将菌液均匀涂布到整个平板表面。然后把平板倒置于37℃培养48 h。选择生长在梯度平板中部的单个菌落分别接种到斜面上，培养后再做抗药浓度的测定。

(2) 抗药浓度的测定

1) 制备含药平板：取链霉素溶液(750 μg/mL)0.2 mL、0.4 mL、0.6 mL和0.8 mL，分别加到无菌培养皿中，再加入融化并冷却到50℃左右的牛肉膏蛋白胨培养基15 mL，立即混匀，冷凝后即为含有10 μg/mL、20 μg/mL、30 μg/mL和40 μg/mL链霉素的含药平板。另做一个不含药的平板作对照用。

2) 抗药性的测定：将上述培养皿用记号笔分区，将分离到的抗药性菌株分别划线接入上述4种药物浓度的平板上和对照平板上。每一皿必须留一格接种出发菌株。然后将所有培养皿倒置放入37℃温箱中培养过夜。第二天观察各菌株的生长情况，并记录结果。

【实验报告】

记录经紫外线诱变后得到的抗性菌株数，分析它们抗链霉素的程度(表27-1；在40 μg/mL上能生长的菌，可继续提高药物浓度，作进一步测定)。

表 27-1 紫外线诱变后得到的菌株数

菌株编号	含药平板/(μg/mL)				对照平板
	10	20	30	40	
1					
2					
3					
出发菌株					

【思考题】

1. 培养基中的链霉素引起了抗性突变吗? 请设计一个实验加以说明。

2. 梯度平板法除用于分离抗药性突变株以外,还有什么其他用途? 将未经诱变的菌株涂在含药平板上是否有菌落出现? 为什么?

3. 你选出的抗药性菌株中,如有一支抗链霉素的菌株在含药平板上能生长,在不含药平板上反而不生长,这说明什么?

实验 28 酵母菌营养缺陷型突变株的筛选

【实验目的】

1. 了解营养缺陷型突变株选育的原理。

2. 学习并掌握酵母菌营养缺陷型的诱变、筛选与鉴定方法。

【实验原理】

营养缺陷型突变株是指野生型菌株由于诱变处理,使编码合成代谢途径中某些酶的基因突变,丧失了合成某些代谢产物(如氨基酸、核酸碱基、维生素)的能力,必须在基本培养基中补充该种营养成分,才能正常生长出的一类突变株。这类菌株可用于遗传学分析、微生物代谢途径的研究及细胞和分子水平基因重组研究中,作为供体和受体细胞的遗传标记。在生产实践中它们既可直接用作发酵生产氨基酸、核苷酸等有益代谢产物的菌种,也可作为对生产菌种进行育种时所不可缺少的亲本遗传标记和杂交种的选择性标记。

营养缺陷型突变株的筛选一般要经过诱变、浓缩缺营养陷型、检出和鉴定营养缺陷型四个环节。诱变处理通常突变频率较低,只有通过淘汰野生型,才能浓缩营养缺陷型而选出少数突变株。浓缩营养缺陷型对于细菌常采用青霉素淘汰野生型,酵母菌和霉菌可采用制霉菌素,丝状微生物还可采用菌丝过滤法。检出营养缺陷型有影印培养法、点种法、夹层培养法等。鉴定营养缺陷型一般采用生长谱法。

本实验选用亚硝基胍(NTG)为诱变剂。由于NTG杀菌力较弱,诱变作用较强,其作用部位又往往在DNA的复制叉处,易造成双突变。一般选用NTG处理时,诱变频率较高,可使百分之几十的细胞发生营养缺陷型,筛选营养缺陷型时,可省去浓缩缺陷型这一环节。

【实验材料与用品】

1. 菌种

解脂假丝酵母(*Candida lipolytica*)。

2. 培养基

(1) 麦芽汁斜面培养基　在麦芽汁(6波美度)中加入2%琼脂即成。自然pH。

(2) 基本培养基　醋酸钠10 g、$(NH_4)_2SO_4$ 5 g、KH_2PO_4 0.5 g、Na_2HPO_4 0.5 g、$MgSO_4 \cdot 7H_2O$ 1.0 g、蒸馏水1 000 mL,pH 6.0。固体培养基需加20 g水洗琼脂。

(3) 完全培养基　与基本培养基的配方相同,另加入1%蛋白胨,调pH至6.0。固体培养基加20 g琼脂。

3. 试剂

(1) 亚硝基胍(NTG)。

(2) 磷酸缓冲液(pH 6.0)　称取$Na_2HPO_4 \cdot 2H_2O$ 36.61 g、$NaH_2PO_4 \cdot 2H_2O$ 31.21 g,分别溶于1 000 mL蒸馏水中得0.2 mol/L的原液;取0.2 mol/L的Na_2HPO_4溶液12.3 mL、0.2 mol/L的NaH_2PO_4溶液87.7 mL混合即得pH 6.0的缓冲液。

(3) 混合氨基酸　将15种氨基酸按表28-1组合,各取100 mg左右,烘干研细,制成5组混合氨基酸粉剂,分装入小玻管中避光保存在干燥器中备用。另外取全部(15种)氨基酸混合在一起(每种20 mg左右),烘干研细后分装小玻管保存,作为初步鉴定用。

表28-1　五组混合氨基酸

组别	所含氨基酸				
A	组氨酸	苏氨酸	谷氨酸	天冬氨酸	亮氨酸
B	精氨酸	苏氨酸	赖氨酸	甲硫氨酸	苯丙氨酸
C	酪氨酸	谷氨酸	赖氨酸	色氨酸	丙氨酸
D	甘氨酸	天冬氨酸	甲硫氨酸	色氨酸	丝氨酸
E	胱氨酸	亮氨酸	苯丙氨酸	丙氨酸	丝氨酸

(4) 混合碱基　称取腺嘌呤、鸟嘌呤、次黄嘌呤、胸腺嘧啶和胞嘧啶各50 mg,混合烘干磨细后分装入小玻管,避光保存备用。

(5) 混合维生素　将硫胺素、核黄素、吡哆醇、维生素 C、泛酸、对氨基苯甲酸、叶酸和肌醇等 9 种维生素各取 50 mg 混合,烘干磨细后分装入小玻管,避光保存备用。

4. 仪器与物品

离心机、试管、培养皿、锥形瓶、涂布棒、插有大头针的软木塞、盖有丝绒布的木头印章等。

【实验步骤】

1. NTG 诱变处理

(1) 菌悬液的制备　将解脂假丝酵母菌种接斜面,28℃培养 2 d 后,挑两环于装有5 mL 磷酸缓冲液的离心管中 3 500 r/min 离心 10 min。弃去上清液,打匀后加入缓冲液,倒入装有玻璃珠的锥形瓶中,充分振荡数分钟,用装有 4 层擦镜纸的小漏斗过滤到试管中,得到分散均匀的以单细胞为主的菌悬液。

(2) NTG 处理　先取 0.5 mL 200 μg/mL 的 NTG 加入试管中,再取 4×10^6 个/mL 的菌液0.5 mL加入上述试管中,混匀后立即置 28℃水浴保温,30 min 后取 9 mL 生理盐水加入试管中摇匀,终止反应。

NTG 是一种致癌因子,在操作中要特别小心,切勿与皮肤直接接触。凡有亚硝基胍的器皿,都要用 1 mol/L NaOH 溶液浸泡,使残余亚硝基胍分解破坏。

2. 营养缺陷型突变株的检出

吸取经诱变处理的菌液 0.5 mL,按 10 倍稀释法稀释后,可使用下面的两种方法检出缺陷型。

(1) 影印法　在培养皿内倒入 15 mL 完全培养基,凝固后取 NTG 处理后的菌液0.2 mL加入培养皿,用玻璃棒涂布均匀,置 28℃培养 1～2 d,取出进行影印。

将 15 cm 见方的灭过菌的丝绒布绒面向上用橡皮筋固定在直径略小于培养皿底的圆柱形木头上,将长有菌落的完全培养基平板(每皿 30～60 个菌落)倒扣在绒布上,轻压培养皿,使菌落印在丝绒布上作为印模,然后再分别转印至基本培养基和完全培养基平板上(图 28－1)。经 28℃培养后,比较两皿上生长的菌落,如在完全培养基平板上长出的菌落而基本培养基平板的相应位置上却无菌落出现,就可初步判断它是营养缺陷型菌株。

(2) 点种法　用大头针(插在软木塞上灭过菌)从完全培养基平板上挑选菌落分别逐个点在基本培养基平板和完全培养基平板的相应位置上。点种时应先点基本培养基,后点完全培养基。在点种时点种量应适宜,点种量过多或过少都不利于培养后的观察。同样置 28℃恒温培养后,凡在完全培养基上生长而基本培养基上不能生长的菌落就可初步确定其为营养缺陷型突变株(图 28－2)。

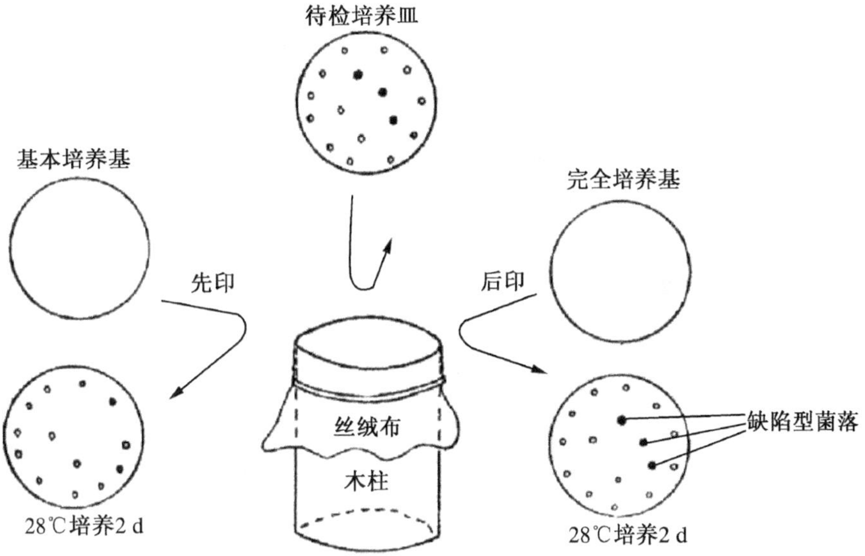

图 28－1　用影印法检出营养缺陷型

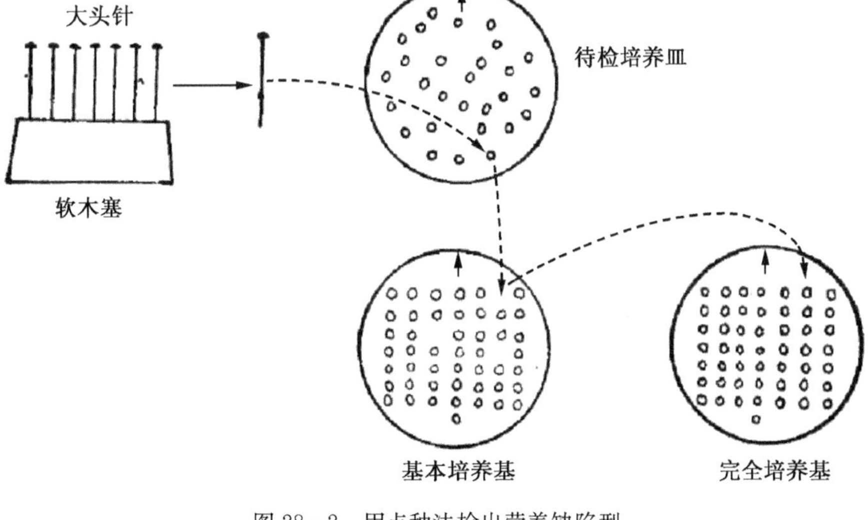

图 28－2　用点种法检出营养缺陷型

由于酵母菌常常不是单个细胞存在，不易获得单纯的突变型菌落，需将菌落进行 2～3 次平板划线处理。必要时，需用液体培养进一步复证，即将缺陷型菌落用接种环挑取少量接种到含基本培养液的小试管中，28℃培养 3～4 d，不生长的试管加入完全培养液，28℃培养 2 d，能生长的可判断它是营养缺陷型菌株。

将认为是营养缺陷型的菌落接至麦芽汁斜面培养基上，并编上号码，在 28℃

下培养 4 d 后取出保存,供鉴定用。

3. 营养缺陷型菌株鉴定

(1) 缺陷类型的初测　将可能是营养缺陷型的突变株接种于盛有 5 mL 完全培养液的离心管中,28℃振荡培养 1~2 d 后,将菌悬液 3 500 r/min 离心 10 min,弃去上清液,打匀管底菌团,用无菌生理盐水洗涤菌体 3 次,最后加 5 mL 生理盐水制备菌悬液。

吸取 1 mL 菌悬液加入无菌培养皿中,倾注约 15 mL 融化并冷却至 45~50℃的基本琼脂培养基,冷凝后在培养皿底部划分三个区域,做好标记。在平板的每个区表面分别放上微量的混合氨基酸、混合核酸碱基及混合维生素粉末,28℃培养 24 h,经培养后若某一类营养物质周围有生长圈,即表明为该类营养物质的营养缺陷型突变株。有的菌株是双重营养缺陷型,可在两类营养物质扩散圈交叉处看到生长区。

(2) 生长谱测定　初测所选出的营养缺陷型菌株中,氨基酸缺陷型较为常见。对于氨基酸缺陷型菌株来说,将待测菌株细胞洗涤后,吸取 1 mL 菌悬液加入无菌培养皿中,倾注约 15 mL 融化并冷却至 45~50℃的基本琼脂培养基,冷凝后将平板均匀划分 5 个区,在标定的位置上放入少量分组的氨基酸结晶或粉末(共 5 组;表 28-1)。经培养后,可以看到某些区域的混合氨基酸四周出现混浊的生长圈,按表 28-2 所示就可确定属于哪一种氨基酸缺陷型。若是碱基或维生素缺陷型菌株,则分别挑取单种碱基或维生素加入各区,培养后就可确定属于哪一种碱基或维生素缺陷型。

表 28-2　氨基酸缺陷型分析表

菌落生长区	缺陷型所需氨基酸	菌落生长区	缺陷型所需氨基酸	菌落生长区	缺陷型所需氨基酸
A	组氨酸	A,B	苏氨酸	B,D	甲硫氨酸
B	精氨酸	A,C	谷氨酸	B,E	苯丙氨酸
C	酪氨酸	A,D	天冬氨酸	C,D	色氨酸
D	甘氨酸	A,E	亮氨酸	C,E	丙氨酸
E	胱氨酸	B,C	赖氨酸	D,E	丝氨酸

异亮氨酸、羟脯氨酸、缬氨酸、脯氨酸和天冬酰胺不包含在 15 种测试的氨基酸中,有些缺陷型用上述 15 种氨基酸测不出来时,可单独用这 5 种氨基酸测试。

如果在上述鉴定实验中,发现在两组氨基酸扩散圈的交叉处出现双凸透镜状的生长区时,说明这一缺陷型是同时要求两种氨基酸的双重缺陷型。

【注意事项】

1. 配制基本培养基的药品均用分析纯，使用的器皿应洁净，需用蒸馏水冲洗2～3次，必要时用重蒸水冲洗。

2. 琼脂是从一种海藻中提取的聚半乳糖的硫酸酯，除含少量的钙、镁、钠、钾等矿物质外，还含有少量蛋白质、维生素等营养成分，需用洗涤处理过的琼脂，否则会影响营养缺陷型的筛选结果。洗涤琼脂的方法有两种。

1）将500 g琼脂放于大玻璃缸内，加5 L蒸馏水和500 mL氮苯浸泡24 h，然后滤去氮苯液和水，再用蒸馏水洗涤琼脂3次，用95%乙醇洗涤琼脂1次，用95%乙醇浸泡琼脂过夜，滤去乙醇，再用水洗，最后把洗过的琼脂在纱布上展成薄层晾干。处理过程约需10 d。

2）把琼脂放在玻璃缸内，用流水洗涤并浸泡6～7 d，用奈氏试剂检查无铵离子存在时，再用纱布包起来，将水滤干，最后展成薄层晾干备用。

3. 琼脂表面潮湿，会使菌落扩散，即便倒置平皿培养，也会影响分离结果。注意：用倾注法制平板时，琼脂温度控制在45℃左右，最好提前1天制作平板，让水分蒸发或30℃烘干过夜，或培养用无菌粗陶瓷培养皿盖替代正常玻璃皿盖，也可在玻璃皿盖内层放浸有甘油的滤纸，吸取皿蒸发的水分，以达防止菌落扩散的目的。

【实验报告】

1. 记录营养缺陷型突变株鉴定结果，并计算氨基酸营养缺陷型突变率(表28-3)。

表28-3 营养缺陷型突变株鉴定结果

突变株号	缺陷型类型	生长区	营养缺陷型的遗传标记

$$缺陷型突变率(\%)=\frac{缺陷型菌株数}{被检测的菌落总数(点种总数)}\times 100\%$$

2. 总结实验全过程，绘制营养缺陷型突变株筛选的工作程序图。

【思考题】

1. 进行化学诱变处理前，洗涤菌体和制备细胞悬浮液时为什么用一定pH的缓冲液？

2. 诱变处理后洗涤菌体和制备细胞悬浮液为什么要用生理盐水？可以用无菌蒸馏水吗？

3. 如需淘汰野生型、浓缩缺陷型菌株时,在筛选酵母菌营养缺陷型菌株时,可选用哪些抗生素及试剂? 对 G^+ 菌和 G^- 菌,可选用哪些抗生素及试剂?

实验 29　产氨基酸抗反馈调节突变株的选育

【实验目的】

通过人工诱变方法,选育抗氨基酸结构类似物突变株,进而从中筛选出高产氨基酸的抗反馈调节突变株。

【实验原理】

在细菌代谢过程中,代谢终产物积累到一定程度后,细菌就终止这一代谢终产物的积累。这一调节机制是由于代谢终产物与变构酶或阻遏蛋白的结合。通过基因突变使变构酶和阻遏蛋白的结构发生改变,使其不能和代谢最终产物相结合,从而去除了代谢终产物的负反馈调节作用或失去阻遏作用,就可使特定代谢终产物过量地积累。这类突变株称抗反馈调节突变株。

与合成代谢终产物在结构上相似的其他化合物,可竞争性地与变构酶或阻遏蛋白相结合,抑制菌株的生长繁殖。如果变构酶结构基因或调节基因发生突变,而使变构酶或阻遏蛋白不再能和合成代谢最终产物相结合,那么结构类似物对于这些突变株就不再有抑菌作用。根据这一原理,产氨基酸抗反馈突变株选育工作的进行,首先必须以实验来确定所采用的结构类似物对出发菌株的生长有明显的抑制,而这种抑制作用又可被与结构类似物相应的氨基酸所恢复。经人工诱变选育出的氨基酸结构类似物突变株克服了生长障碍而能够生长后,由于其正常代谢调节机制已被解除,因而即使在培养基中有过量的氨基酸存在的情况下,也能继续合成和积累它们,进一步筛选,便可得到高产氨基酸的抗反馈调节突变株。

【实验材料与用品】

1. 菌种

钝齿棒杆菌(*Corynebacterium crenatum*)As1.542。

2. 培养基

(1) 完全培养基　牛肉膏 10 g、蛋白胨 10 g、酵母膏 5 g、氯化钠 5 g、琼脂 20 g(用液体培养基时不加)、蒸馏水 1 000 mL,pH 7.0。

(2) 基本培养基　葡萄糖 20 g、$(NH_4)_2HPO_4$ 2 g、KH_2PO_4 5 g、$MgSO_4 \cdot 7H_2O$ 0.4 g、$MnSO_4 \cdot 4H_2O$ 0.02 g、$FeSO_4 \cdot 7H_2O$ 0.02 g、生物素 30 μg、硫胺素 0.2 μg、水洗琼脂 20 g(用液体培养基时不加)、蒸馏水 1 000 mL,pH 7.0。

3. 试剂

(1) 诱变剂　亚硝基胍(NTG)。

(2) 赖氨酸结构类似物　*S*-(2-氨乙基)-*L*-半胱氨酸(AEC)。

4. 仪器与用品

离心机、分光光度计、培养皿、移液管、离心管、锥形瓶等。

【实验步骤】

1. 氨基酸结构类似物对出发菌株生长的抑制及其恢复作用

(1) 生长抑制及恢复作用的初步确定　挑取出发菌株 As1.542(在斜面上培养 24 h 细胞)一环接入 3 mL 无菌生理盐水中,离心洗涤 2 次,制成菌悬液。再以无菌移液管吸取菌悬液 0.1 mL 均匀地涂在基本培养基平皿上,然后取少许固体的 AEC 加在平皿不同区域的中心。因为苏氨酸对 AEC 的抑菌可以起增效作用,所以在 AEC 处同时再加上少量的苏氨酸,经 30℃培养 24 h 后,在加上述药物的位点周围有明显的抑菌圈出现,说明 AEC 对菌株 As1.542 的生长有明显的抑制作用。

在 AEC 的抑菌圈内分别加上少量固体的 *L*-赖氨酸,再继续培养 24～28 h,发现在加有氨基酸位点周围重新出现明显的生长现象,说明它对 AEC 对菌的生长抑制有恢复作用。

(2) 氨基酸结构类似物对出发菌株生长的抑制作用　采用液体培养法进一步试验测定不同浓度的 AEC 对出发菌株 As1.542 生长的抑制及其恢复作用。在含 2 mL 液体基本培养基的试管中,分别加入 AEC/Thr(单位为 mg/mL)为 0.25/0.25、0.5/0.5、1.0/1.0、2.0/2.0 及 3.0/3.0,同时以不加结构类似物的试管培养物作为对照,各管接种洗净 As1.542 菌悬液 0.1 mL 作为 A 组试验。B 组试验除培养液中加入上述不同浓度的 AEC/Thr 外,还在含有 AEC 的各管内分别添加 1 mg/mL 的 *L*-赖氨酸,同样接菌悬液 0.1 mL,A、B 两组同时置 30℃摇床上培养 20 h 后,用 721 型分光光度计(波长 620 nm)测定各管菌悬液的吸光度,计算出各试管中菌体的相对生长率,以确定 AEC 对出发菌株 As1.542 生长抑制的浓度及 *L*-赖氨酸对生长抑制的恢复作用。

2. 诱变处理

经过上述实验已证明,钝齿棒杆菌 As1.542 对 *L*-赖氨酸的结构类似物 AEC 的抑制生长有显著的敏感性,而这种抑制作用可被 *L*-赖氨酸恢复。因此。可以确定 As1.542 菌体为出发菌株,经人工诱变筛选产 *L*-赖氨酸的抗反馈调节突变株,选育这类突变株的诱变处理方法与筛选营养缺陷型菌株相同。

3. 抗 AEC 突变株的检出

把经 NTG 处理过的 As1.542 菌悬液离心除去上清液,用生理盐水把菌体离心洗涤 3 次后,将洗净的菌体悬浮在 3 mL 生理盐水中,混匀后以 10^{-1}、10^{-2} 及 10^{-3}

3个稀释度进行稀释,制备成包括原菌悬液在内的4个含细胞数目不同的菌悬液。然后用无菌移液管从4个不同样品中各取0.1 mL分别均匀涂布在含AEC/Thr(单位为mg/mL)为1/1、2/2和3/3的基本培养平皿上,并涂布接种在不含结构类似物的同样平板上作为对照,培养5~7 d。若在含不同剂量AEC/Thr的平皿上生长出菌落,这些菌即为抗AEC突变株。将这些菌落分别转移到完全培养基斜面上,30℃培养后保藏,供进一步实验用。

4. 抗AEC突变株产氨基酸的初筛

已知以各种 *L*-谷氨酸生产菌为出发菌株诱变出的抗AEC突变株中几乎都具有积累 *L*-赖氨酸的能力。通过以下的发酵筛选试验,将产酸水平高的突变株初步筛选出来,然后再进一步复筛和进行提高产酸率的研究。

(1) 发酵筛选培养　分别取斜面培养24 h的抗AEC突变株一环,接入装有3 mL发酵筛选培养基的试管中,28~30℃振荡培养72~96 h,摇床转速220 r/min。发酵终了,观察各管生长情况和取样测定pH,发酵液经离心后,测定各样中所含氨基酸。

(2) 发酵液中氨基酸的分析测定　参照发酵液中氨基酸的一般分析测定方法(生化实验)。

【实验报告】

将筛选结果填入表29-1中。

表29-1　抗AEC突变菌株的筛选结果

AEC/Thr剂量/(mg/mL)	稀释度	菌落数	突变率/%	抗AEC突变株
对照	1			
	10^{-1}			
	10^{-2}			
	10^{-3}			
1/1	1			
	10^{-1}			
	10^{-2}			
	10^{-3}			
2/2	1			
	10^{-1}			
	10^{-2}			
	10^{-3}			
3/3	1			
	10^{-1}			
	10^{-2}			
	10^{-3}			

【思考题】

选育产氨基酸的抗结构类似物突变株时，对出发菌株进行诱变处理前，为什么必须以实验确认结构类似物对出发菌株的生长有明显的抑制作用？而这种生长抑制作用是否能为与结构类似物相应的氨基酸所恢复？

实验 30　抗噬菌体菌株的选育

【实验目的】

了解抗噬菌体菌株选育的原理，并掌握筛选抗噬菌体菌株的基本方法。

【实验原理】

噬菌体污染现象在发酵工业中普遍存在，比一般的杂菌污染更具危害性。虽然通过外部条件的改善可以避免噬菌体污染或降低其染菌率，但更为有效的方法还是筛选抗噬菌体的抗性菌株。

常用的抗噬菌体菌株的选育方法有噬菌体淘汰法和诱变法。噬菌体淘汰法是将要进行选育抗噬菌体菌株的菌种加上噬菌体进行培养，通过反复淘汰，能正常生长的菌株即为抗噬菌体菌株。但这种方法得到的抗噬菌体菌株多是溶源性细菌。诱变法是将菌种进行诱变处理后，再用噬菌体测定，选出抗噬菌体菌株。这样，菌种不接触噬菌体，可避免因此而产生溶源性菌株。

【实验材料与用品】

1. 菌种和培养基

枯草芽孢杆菌 BF7658，枯草芽孢杆菌敏感噬菌体 BS_5、BS_{10}、BS_{12}，牛肉膏蛋白胨培养基(液体和固体)。

2. 试剂

pH 6.5 磷酸缓冲液、生理盐水。

3. 仪器与物品

离心机、摇床、紫外灯、培养皿、摇瓶等。

【实验步骤】

1. 污染噬菌体的证实和噬菌体的繁殖

(1) 噬菌斑试验　先将怀疑受噬菌体污染的发酵液或种子液离心，将离心后的上清液稀释到 10^{-7}。然后取不同浓度的稀释液 0.2 mL，敏感菌母瓶种子液 0.5 mL，一同加到平皿上。再倒一层固体培养基摇匀，在 37℃下培养 24 h。如在某一个合适稀释度的平板上出现噬菌斑，证明发酵液或种子液内存在噬菌体。

(2) 噬菌体的繁殖　用接种针挖取噬菌斑透明部分一小块，接种到牛肉膏蛋白胨培养基中，同时加入敏感菌种子液 0.5 mL，在 37℃下培养 24 h 后，将沉淀部分弃去，上清液即为噬菌体液。噬菌体液中的噬菌体浓度可按实验 13 的方法测定，即根据不同稀释度的平板中出现的噬菌斑数来计算噬菌体液中的噬菌体数量。一般噬菌体液浓度达10^7～10^8 个/mL 以上时，即可放在 4℃冰箱中保存备用。如浓度不符要求，可将该噬菌体液传代到新鲜牛肉膏蛋白胨培养基，即 1 mL 噬菌体液、2 mL 敏感菌种子液加入新鲜牛肉膏蛋白胨培养基，37℃下培养 24 h，再用噬菌体分离方法计算该噬菌体液的浓度，直至达到要求。

2. 抗噬菌体菌株的筛选

(1) 噬菌体淘汰法

1) 固体法：将生长成熟的敏感菌斜面，加入 10 mL 灭菌生理盐水，用接种环刮下斜面上的菌体。将此菌液倒入灭菌的装有玻璃珠的三角瓶中，在摇床上振荡 3 min，然后过滤制成菌悬液，控制其浓度为 10^5 个/mL。取此菌悬液 0.1 mL 和噬菌体液 0.1 mL(浓度 10^7 个/mL 以上)，同时加到牛肉膏蛋白胨平板上，使敏感菌浓度与噬菌体浓度比达1∶100以上。用玻璃棒将平板上的菌液与噬菌体液混合涂匀，于 37℃下培养 1～2 d 并进行观察，如有少数细菌形成菌落，则这些菌落有可能具有抗性。将这些菌落分别在加入 0.1 mL 噬菌体液(浓度 10^7 个/mL)的平板上划线分离。反复进行几次，直至菌落生长正常，将筛选出的抗噬菌体菌株保藏备用。为证实噬菌体是否与敏感菌起作用，在对照培养基上不加噬菌体液而只加敏感菌液，以便统计死亡率。

2) 液体法：将敏感菌悬液 1 mL(浓度为 10^5 个/mL)和噬菌体液 1 mL(浓度 10^7 个/mL 以上)同时接种到牛肉膏蛋白胨培养液中，培养 24 h 后加入 1 mL 浓度为 10^7 个/mL 的噬菌体液再继续培养。当培养液变清又重新变浑浊后，再加噬菌体反复感染，培养一定时间后进行平皿分离，从中筛选出抗性菌株保藏备用。

(2) 诱变法　将敏感菌按常规紫外线诱变处理，然后取诱变后菌悬液 0.2 mL 加到牛肉膏蛋白胨平板上，长出菌落后，用接种环挑取一环接种到加有 0.1 mL 噬菌体液(浓度为10^7 个/mL)的斜面上，进行培养观察。如果斜面上不出现噬菌斑，菌苔生长良好，而对照菌落在同样的噬菌体液斜面上培养后出现噬菌斑甚至不长，则认为前者具有抗性。将这样的斜面挑选出来，分离纯化备用。这样，菌种不接触噬菌体，可以避免因此而产生溶原菌株。

(3) 摇瓶发酵复筛　将用上述方法初步确定具有抗性的菌株接种到含有噬菌体液 0.1 mL(浓度为 10^7 个/mL)的摇瓶中发酵培养数天，测定其生物效价，同时接敏感菌对照摇瓶(加和不加噬菌体)。如果含有噬菌体液的摇瓶发酵单位不受影响，而敏感菌在含有噬菌体液的摇瓶中没有效价，则前者进一步被认为是具有抗性的。然后将效价高于对照菌株的原始斜面挑选出来留种。

(4) 固体平板上噬菌斑检查　将上述经过复筛后挑选出来的抗性菌株母瓶菌液0.5 mL与浓度在10^9个/mL以上的噬菌体液0.2 mL,同时加到灭菌培养皿中,倒上融化后并冷却到45℃的牛肉膏蛋白胨培养基摇匀。同时将敏感菌母瓶菌液也按同样量和经10倍稀释的噬菌体液0.2 mL(即10^5、10^6、10^7、10^8个/mL)加入灭菌培养皿,制平板后一起培养检查噬菌斑。如果敏感菌出现噬菌斑而其他被测菌株在大量噬菌体存在时也不出现噬菌斑,则可以确定为抗噬菌体菌株了。

【实验报告】

在表30-1中记录淘汰法和诱变法筛选抗噬菌体菌株的数量。

表30-1　淘汰法和诱变法筛选抗噬菌体菌株的数量

菌株编号	液体法	固体法	诱变法

【思考题】

1. 筛选抗噬菌体菌株时,仅用一种噬菌体作为抗性指标好不好?应如何改进?
2. 当筛选获得抗噬菌体菌株后,还应进行什么试验才能应用于生产?

实验31　用Ames实验检测诱变剂和致癌剂

【实验目的】

1. 了解用Ames实验检测诱变剂和致癌剂的基本原理。
2. 学习用Ames实验检测诱变剂和致癌剂的方法。

【实验原理】

随着工业革命的发展,大量的化学物质被合成或分解,同时农药的广泛使用以及工厂排放的废气和废液不断排入空气和土壤,这些物质严重污染环境和危害人类,其中有不少种类可导致细胞癌变,这些物质属于诱变剂和致癌剂。Ames实验是目前公认的检测致突变物最快速而精确的一种方法。

Ames实验的基本原理是利用一系列鼠伤寒沙门菌(*Salnonella typhimurium*)的组氨酸营养缺陷型(his^-)菌株发生恢复突变性能来检测物质的诱变及致癌性能,这些菌株在不含组氨酸的基本培养基上不能生长,但如遇具有诱变性的物质后可能恢复突变,由 his^- 变为 his^+,因而在基本培养基上也能生长,形成可见的菌落,因此可以在短时间内根据恢复突变的频率来判定该物质是否具有诱变或致癌性能。本实验所使用的菌株具有的遗传性状见表 31－1。

表 31－1 菌株的遗传性状

菌 株	特 性					
	组氨酸缺陷	脂多糖屏障突变	U V 修复缺失	生物素缺陷	抗药因子	检测突变型
TA1535	his^-	rfa	uvrB	bio^-	—	置换
TA100	his^-	rfa	uvrB	bio^-	R	置换
TA1537	his^-	rfa	uvrB	bio^-	—	移码
TA98	his^-	rfa	uvrB	bio^-	R	移码
S－CK 野生型	his^+	未突变	不缺失	bio^+	—	—

这些被检测的致癌剂需要哺乳动物干细胞中的羟化酶系统激活后方能显示致突变物的活性,所以在进行实验时还需加入哺乳动物肝细胞内微粒体的酶作为体外活化系统(S－9混合液),以提高阳性物的测出率。

【实验材料与用品】

1. 菌种

鼠伤寒沙门菌组氨酸缺陷型为 TA1535、TA100、TA1537 及 TA98 四个菌株。各菌株的遗传特性如表 31－1 所示。它们除均为组氨酸缺陷型(his^-)外,尚有脂多糖屏障突变(rfa)、UV 修复缺失(uvrB)、生物素缺陷(bio^-)及具抗药因子(R)等性状。TA1535 及 TA100 的区别是,TA1535 无抗药因子而 TA100 则具抗药因子。而 TA1537 与 TA100 的区别也是前者无抗药因子,后者有抗药因子。其中,TA1535 及 TA100 能检测引起碱基置换的诱变剂,而 TA1537 及 TA98 则用来检测碱基移码的诱变剂。本实验推荐用 TA100 为测试菌株,S－CK 野生型为对照菌株。

2. 培养基(见附录 1)

(1) 氯化钠琼脂("素琼脂") 配制 50 mL,加热溶化后,分装小试管,每只装 3 mL。0.07 MPa 灭菌 20 min。

(2) 组氨酸-生物素混合液 *L*－盐酸组氨酸 31 mg、生物素 49 mg,溶于 40 mL 蒸馏水,备用。

(3) 上层培养基 配制 45 mL,分装 15 支 3 mL/试管,0.07 MPa 灭菌 20 min。

(4) 下层培养基 配制 1 000 mL,分装于锥形瓶,0.07 MPa 灭菌 20 min。

（5）牛肉膏蛋白胨液体培养基　　配制 500 mL 分装 100 支试管每管 5 mL，0.1 MPa 灭菌 20 min。

（6）牛肉膏蛋白胨固体培养基　　配制 450 mL，分装锥形瓶中，0.1 MPa 灭菌 20 min。

3. 鼠肝匀浆 S-9 上清液

选取成年健壮大白鼠 3 只（每只体重约 200 g），按 500 mg/kg 一次腹腔注射五氯联苯玉米油配制成的溶液（五氯联苯溶液的浓度为 200 mg/mL），提高酶活性。注射后第五天断头杀鼠，杀前 12 h 应禁食。取三只大白鼠的肝脏合并称重，用冷的 0.15 mol/L KCl 溶液先洗涤 3 次，剪碎，按 1 g 肝脏（湿重）加 3 mL 0.15 mol/L KCl 溶液在匀浆器中制成匀浆，经高速冷冻离心机（9 000 r/min）离心 20 min，取上清液备用，此即 S-9 上清液。分装安瓿管，每管 1～2 mL，液氮速冻，−20℃冷冻保藏备用。使用前取出，在室温下融化并置冰中冷却，再按下法配制混合液。以上一切操作均应在低温（0～4℃）、无菌中进行。

4. 鼠肝匀浆 S-9 混合液

配制 S-9 混合液前应预先将下列各组分配制成储备液，包括 0.2 mol/L pH 7.4 磷酸缓冲液、Mg-K 盐溶液、0.1 mol/L NADP-G-6-P 溶液（见附录 2）。进行实验前取 2 mL S-9 上清液加入 10 mL NADP-G-6-P 溶液，最后加 1 mL Mg-K溶液（依次加入），混合后置冰浴中待用。

5. 待测样品

可选用有致癌可能的化妆品如染发液或化工厂排放液进行检测。将待测物溶于蒸馏水中配制成每待测液含百分之几至千分之几（最高不能超过该物的抑菌浓度）三个不同浓度。若样品不溶于水则用二甲亚砜（DMSO）溶解，再不能溶时则选用 95%乙醇、丙酮、甲酰胺、乙腈、四氢呋喃等作配制待测样品的溶剂。

6. 试剂（配方见附录 2）

（1）亚硝基胍（NTG）溶液　　配制 50 μg/mL、250 μg/mL 及 500 μg/mL 三种浓度。

（2）黄曲霉素 B1 溶液　　配制 5 μg/mL、50 μg/mL 两种浓度。

（3）氨苄西林溶液　　浓度为 8 mg/mL。

（4）结晶紫溶液　　浓度为 1 mg/mL。

（5）0.85%生理盐水　　配制 150 mL。

（6）0.15 mol/L KCl 溶液　　配制 500 mL。

7. 仪器与用品

9 cm 培养皿、移液管各种型号（0.1 mL、1 mL、5 mL、10 mL）、试管、紫外灯

(15 W或 20 W)1 支、6 mm 厚圆滤纸片若干、黑纸 2 张、匀浆器一套、水浴锅一台、安瓿瓶、剪刀、镊子、解剖刀、注射器、台秤一台。

【实验步骤】

1. 菌株遗传性状的鉴定

凡用于检测的菌株必须先对其数种主要遗传性状加以鉴定,符合要求后方可正式使用。

(1) 组氨酸营养缺陷型(his^-)鉴定　基于 his^- 菌株只能在含组氨酸的培养基上生长的原因,将下层培养基融化,冷至 50℃左右,倒入 4 个培养皿内,冷凝后倒置过夜制成底层平板。从测试菌株及对照菌株斜面各取 1 环分别装入牛肉膏蛋白胨培养液内,37℃培养 16～24 h 后离心,取菌体并用生理盐水洗涤 3 次,然后制成菌悬液[浓度(1～2)×10^9/mL]。取 4 管氯化钠琼脂,融化并冷至 45℃左右,保温,各管加 0.1 mL 菌悬液,每个菌株做 2 管,迅速摇匀并倒在底层平皿上铺匀。在各培养皿背面用记号笔标出 1、2、3 三个点。翻转平皿,打开皿盖,在 1 处加组氨酸颗粒,2 处加组氨酸-生物素混合液 1 小滴,3 处不加作对照。培养 2 d 观察结果,要求除对照外,其余检测菌株均为组氨酸-生物素缺陷型。

(2) 脂多糖屏障突变(*rfa*)的鉴定　*rfa* 突变株的菌体表面脂多糖屏障已遭破坏,一些大分子可穿过细胞壁和细胞膜而进入菌体并抑制其生长,而野生型不受影响。取牛肉膏蛋白胨固体培养基,融化后制成 4 个底层培养基板,取 0.2 mL TA100 菌悬液均匀涂抹在平板上,每菌做 2 皿。待室温干燥后,在中央放一直径 6 mm 无菌的厚滤纸片,在其上滴加结晶紫 0.02 mL。37℃培养 2 d 后观察结果。若滤纸片周围出现抑菌圈,直径>14 mm,说明 *rfa* 突变。

(3) 抗药性因子(R)鉴定　取牛肉膏蛋白胨固体培养基在两个平皿内制成平板。冷凝后在平板的中央加氨苄西林溶液 0.01 mL,并用接种环将青霉素液涂开成一直线,置温箱或室温下待干。在 1、2 两皿分别取 TA1537、TA100 及 S-CK 各一环,划过氨苄西林带并于之垂直方向划线,做两皿重复。37℃培养 16～24 h 观察结果。含 R 因子者在划线部分可生长。R 因子的性状易于丢失,故应经常鉴定。

(4) UV 修复缺失(*uvrB*)鉴定　取牛肉膏蛋白胨固体培养基融化后,倒入 4 个培养皿制成平板,冷凝后用记号笔作好记号标记。分别取 TA100 及 S-CK 两个菌株在平板上平行划线,做两个重复。将平皿放紫外灯(15～20 W,30～40 cm)下,打开皿盖,用无菌黑纸遮盖半个平皿,将划线处露出一半,打开紫外灯,照射 10～20 s。照射完毕,取出并盖上皿盖,37℃培养 16～24 h 观察结果。UV 修复缺失的菌株经照射后不能生长，但有黑纸遮盖部分可生长。

2. 待测样品致突变性检测

检测可用点滴法或掺入法进行，但每次实验均应同时设对照以便比较结果。

(1) 点滴法　将下层培养基融化后倒入平皿，制成底层平板。使上层培养基(加组氨酸-生物素的 NaCl 琼脂)融化并冷凉至 45℃左右放入水浴保温，加入 0.1 mL(浓度为 1×10^9/mL)的 TA100 悬液、0.5 mL S-9 混合液，混匀后倒在平板上铺平。待上层凝固后，取直径为 6 mm 的无菌圆形厚滤纸片，各蘸取不等浓度的待测样品液约 10 μL 轻轻放在上层平板上，每皿可放滤纸片1～5张，同一菌株做两皿重复，37℃培养 48 h 观察结果。凡在滤纸片周围长出一圈菌落者，可认为该样品具有致突变性。菌落数为＞10(＋)、＞100 (＋＋)、＞500(＋＋＋)。若仅有＞10 菌落出现，则该样品不具突变性(－)。此法比较简单，但结果不够精确，可作为样品测定的定性试验。

(2) 掺入法　用与上同法制下层平板，上层培养基融化冷凉后，除加 0.1 mL 测试菌悬液、0.5 mL S-9 混合液外，还需加 0.1 mL 已知浓度的待测样品液，经充分混合后迅速铺于底层平板上，37℃培养 48 h 观察结果。操作应在 20 s 内完成并注意避光。平板上出现的菌落是经回复突变后产生的，精确记录各皿上出现的回变菌落数并算出同组两皿的平均菌落数，即诱变菌落平均数/皿，以 Rt 表示，留待以后计算突变率。

在观察结果时，不论是掺入法还是点滴法，一定要在琼脂表面长出的回复突变菌落的下面衬有一层菌苔时方能确认为 his^+ 回复突变菌落。这是由于下面的菌苔是菌株利用了上层的培养基内所含微量组氨酸和生物素生长的菌，经数次分裂后，其中一部分菌可自发回复突变，并继续增殖形成的菌落。

3. 对照设计及结果评估

每次试验均应设有回复突变、阳性及阴性三项对照。

(1) 自发回复突变对照　做法基本与掺入法相同，但在上层琼脂管内只加 0.1 mL 菌悬液、0.5 mL S-9 混合液，不加待测样品液。经 37℃培养 48 h 后观察。在下层平板上长出的菌落表示为该菌自发回复突变后生成。记录并算出每组平皿菌落平均数/皿，以 Rc 表示。突变率用以下公式计算：

$$\text{突变率}=\frac{\text{每皿诱变菌落平均数(Rt)}}{\text{每皿自发回复突变菌落菌数(Rc)}}\times100\%$$

只有突变率＞2 时才认为样品属 Ames 实验阳性。当试验样品浓度达 500 μg/皿仍未出现阳性结果时，便可报告该待测样品属 Ames 实验阴性。

对于阳性结果的样品，其试验结果尚要经统计分析，若计算计量与回变菌落之间有可重复的相关系数，经相关显著性检测，最后才能认为阳性。

(2) 阴性对照　为了说明样品本身确为 Ames 实验阳性而与配制的样品液使用的溶剂无关，所以阴性对照物是采用配制样品时的溶剂，如水、二甲亚砜、乙醇等。

(3) 阳性对照　进行样品测定的同时，可同时选用一种已知的化学物品代替样品做平行试验，将其结果与样品进行对照，可以看出实验的敏感度和可靠性。本实验以亚硝基胍和黄曲霉毒素等阳性诱变剂，说明实验进行的方法。亚硝基胍是常用的诱变剂，常引起 DNA 碱基的置换。黄曲霉毒素 B_1 的诱变性能须经过细胞微粒体酶系的激活。这两种诱变剂的毒性很强，工作时应特别小心。

1) 亚硝基胍致突变效应的检测：取测试菌株一管接肉膏蛋白胨液体活化，37℃培养16 h后离心，将菌体用生理盐水洗涤三次，最后配制成浓度 $1\times10^9\sim2\times10^9$/mL菌悬液备用。融化下层培养基并倒入 6 套培养皿制成平板。用记号笔做好标记，做 1 μg、5 μg、10 μg 三种浓度，每浓度每菌重复两皿。取上层培养基管融化并冷至 45℃左右，标记各管号。每管加一定量的测试菌的菌悬液混合液，迅速摇匀后，倒在底层平板上，待凝固后在每个平皿中央放置 1 片无菌圆滤纸片。在 1、2 各皿滤纸滴加浓度为50 μg/mL NTG 0.02 mL，同样在 3、4 各皿滤纸滴加浓度为 250 μg/mL 的 NTG 0.02 mL，在 5、6 各皿滤纸滴加 500 μg/mL 的 NTG 0.02 mL，即终浓度为1 μg、5 μg和 10 μg。37℃培养 48 h 观察结果。评估结果时，要求与点滴法测样品时相同。

2) 黄曲霉毒素 B_1 致突变效应的检测：同样取 TA100 两菌株经活化并制成每毫升浓度的菌悬液备用。融化下层培养基，制 4 个平板，作标记 1～4 号。使上层培养基 4 管融化，冷至 45℃左右，每管加 0.1 mL 测试菌悬液，在 1 号、2 号管分别加浓度 5 μg/mL 黄曲霉毒素 B_1 液 0.2 mL(终浓度为 1 μg/皿)，在 3 号、4 号管分别加 50 μg/mL 黄曲霉毒素 B_1 液 0.2 mL(最终浓度为 10 μg/皿)，最后还用现配好的 S-9 混合液，并在 1 号、3 号管分别加 0.5 mL，2 号、4 号管不加。将以上各成分迅速摇匀，倒在底层培养基上，37℃培养 48 h，观察结果。

【实验报告】

1. 阐述 Ames 实验的理论依据是什么。

2. 将实验结果填入表 31-2，计算所测样品的突变率，分析此样品是否有致癌的可能。

表 31-2 实验结果记录表

试验内容		培养皿上长出的菌落数		
		(1)/皿	(2)/皿	平均/皿
样品测定				
对照	自发回复突变			
	阳性物			
	阴性物			

【思考题】

1. 加入 S-9 混合液有什么意义?
2. 实验操作中应注意哪些事项?
3. 对测试菌株遗传性所进行的各项试验,实验前你认为应出现什么结果?与实验后出现的结果是否一致?为什么?

实验 32 细菌生长曲线的测定

【实验目的】

1. 通过细菌数量的测量了解 *E.coli* 的生物特征和生长规律,绘制生长曲线。
2. 学习光电比浊测量细菌数量的方法。

【实验原理】

大多数细菌的繁殖速率很快,在合适的条件下,一定时期的 *E.coli* 每20 min分裂一次。将一定量的细菌转入新鲜液体培养基中,在适宜的条件下培养细胞要经历延迟期、对数期、稳定期和衰亡期四个阶段。以培养时间为横坐标,以细菌数目的对数或生长速率为纵坐标作图所绘制的曲线称为该细菌的生长曲线。不同的细菌在相同的培养条件下其生长曲线不同,同样的细菌在不同的培养条件下所绘制的生长曲线也不相同。测定细菌的生长曲线,了解其生长繁殖规律,对于人们根据不同的需要有效地利用和控制细菌的生长具有重要意义。

用于测定细菌细胞数量的方法在前面已作过介绍。本实验用分光光度计进行光电比浊测定不同培养时间细菌悬浮液的 OD 值,绘制生长曲线。也可以直接用试管或带有测定管的三角瓶测定。

【实验材料与用品】

1. 菌种和培养基

E. coli,LB 液体培养基 70 mL(分装于 2 支大试管,每支 5 mL,剩余 60 mL 装

入 250 mL 的三角瓶中)。

2. 仪器与用品

722 型分光光度计、水浴振荡摇床、无菌大试管、无菌吸管等。

【实验步骤】

1. 标记

取 11 支无菌大试管,用记号笔分别标明培养时间,即 0 h、1.5 h、3 h、4 h、6 h、8 h、10 h、12 h、14 h、16 h 和 20 h。

2. 接种

分别用 5 mL 无菌吸管吸取 2.5 mL *E. coli* 过夜培养液(培养 10～12 h)转入盛有50 mL LB 液的三角瓶内,混合均匀后分别取 5 mL 混合液放入上述标记的 11 支大试管中。

3. 培养

将已接种的试管置摇床上 37℃振荡培养(振荡频率 250 r/min),分别培养 0 h、1.5 h、3 h、4 h、6 h、8 h、10 h、12 h、14 h、16 h 和 20 h,将标有相应时间的试管取出,立即放冰箱中储存,最后用比浊法测定其光密度值。

4. 比浊测定

用未接种的 LB 液体培养基作空白对照,选用 600 nm 波长光电比浊测定。从早取出的培养液开始依次测定,对细胞密度大的培养液用 LB 液体培养基适当稀释后测定,使其光密度值在 0.1～0.65 之内(测定 OD 值前,将待测定的培养液振荡,使细胞均匀分布)。

本操作步骤也可用简便的方法代替:

1) 用 1 mL 无菌吸管吸取 0.25 mL *E. coli* 过夜培养液转入盛有 3～5 mL LB 液的试管中,混匀后将试管直接插入分光光度计的比色槽内,比色槽上方用自制的暗盒将试管及比色暗室全部罩上,形成一个大的暗环境。另以 1 支盛有 LB 液但没有接种的试管调零点,测定样品中培养零小时的 OD 值。测定完毕后,取出试管置 37℃继续振荡培养。

2) 分别在培养 0 h、1.5 h、3 h、4 h、6 h、8 h、10 h、12 h、14 h、16 h 和 20 h 时,取出培养物试管按上述方法测定 OD 值。该方法准确度高、操作简便。但须注意的是使用的 2 支试管必须很干净,其透光程度愈接近,测定的准确度愈高。

【实验报告】

1. 将测定的 OD_{600} 值填入表 32－1 中。

2. 绘制 *E. coli* 的生长曲线。

表 32-1　OD_{600}值测定结果

培养时间/h	对照	0	1.5	3	4	6	8	10	12	14	16	20
光密度值(OD_{600})												

【思考题】

1. 如果用活菌计数法制作生长曲线会有什么不同？两者各有什么优缺点？

2. 细菌生长繁殖所经历的四个时期中，哪个时期其代时最短？若细胞密度为 1×10^3 cfu/mL，培养 405 min 后，其密度高达 2×10^8 cfu/mL，请计算出其代时。

3. 次生代谢产物的大量积累在哪个时期？根据细菌生长繁殖的规律，采用哪些措施可使次生代谢产物积累更多？

实验 33　环境因素对微生物生长的影响

微生物的生长繁殖是通过与外界环境进行物质和能量交换而实现的，环境条件的改变对微生物的生长会造成不同程度的影响。外界条件适宜时，微生物进行正常的生长繁殖；不适宜时，微生物的生长会受到抑制，甚至导致死亡。不同类型的微生物对同一环境因素的适应能力不尽相同，一种特定的环境条件对某些微生物而言是适宜的，而对另一些微生物可能不利甚至有害。例如，嗜热细菌在高于55℃的高温条件下能正常生长，而嗜温细菌在这样的条件下则不能生长。此外，一种微生物对不同的环境因素的适应能力也不同，某些特定环境因素的变化会对微生物造成不同程度的影响，如化学药品对微生物的影响会随着其浓度和作用时间的长短而有较大差别。

环境因素可分为化学因素、物理因素、生物因素和营养因素四大类。通过各种不同环境因素对微生物影响试验，了解微生物与其所处的环境之间的相互关系，使学生初步了解如何控制环境条件，使其有益微生物正常生长、有害微生物受到抑制或被杀死，掌握微生物在环境中的分布规律，使微生物能更好地为人类所利用。

实验 33-1　理化因素对微生物的影响

【实验目的】

1. 了解常用化学药品对微生物的作用，掌握不同化学药品的作用原理和常用浓度。

2. 了解几种物理因素对微生物的影响,并认识细菌芽孢对干热、湿热的抵抗力。

【实验原理】

常用化学消毒剂主要有重金属及其盐类、醇、酚、醛等有机化合物以及碘、表面活性剂等。它们能使菌体蛋白质变性或使酶失活,有的可破坏细胞膜透性使内含物外溢,有的还可与其代谢产物发生螯合作用而使之变为无效的化合物。例如,重金属离子可与菌体蛋白质结合使之变性,重金属盐则是蛋白质的沉淀剂,碘与蛋白质酪氨酸残基不可逆结合而使蛋白质失活。染料在低浓度条件下可抑制细菌生长,但对细菌的作用具有选择性,G^+菌普遍比G^-菌对染料更加敏感。表面活性剂能降低溶液表面张力,这类物质作用于微生物细胞膜,改变其透性,同时也能使蛋白质发生变性。另外,不同化学药品或同一化学药品浓度不同,有的表现为杀菌,有的表现为抑菌。

温度、pH、渗透压和紫外线或辐射线等物理因素对微生物的生长均有影响,能起到杀菌或抑菌作用。

【实验材料与用品】

1. 菌种和培养基

E. coli、枯草芽孢杆菌、金黄色葡萄球菌、酿酒酵母、青霉菌,牛肉膏蛋白胨培养基、肉汤蛋白胨培养基、察氏培养基。

2. 试剂

2.5%碘酒、0.1%升汞、5%石炭酸、75%乙醇、1%来苏尔、0.05%龙胆紫、0.005%龙胆紫、0.25%新洁尔灭。

【实验步骤】

1. 化学因素对微生物的影响

1) 用无菌吸管吸取培养 18 h 的金黄色葡萄球菌 0.2 mL 于无菌平皿内。

2) 倒入已溶化并冷至 45℃左右的牛肉膏蛋白胨琼脂培养基于上述平皿内,充分摇匀,水平放置,待凝。

3) 将上述已凝固的平皿用记号笔在平皿底划成 8 等份,每份内标明一种药物名称。

4) 用无菌镊子将小圆形滤纸片(打孔器打好)分别浸入各种药品中,取出,并在试管壁上沥去多余药液,以无菌操作将纸片对号放入培养皿的各小区内。

5) 将放好滤纸片的含菌培养皿倒置于 37℃恒温箱中培养 24 h,测定抑菌圈大小,记录实验结果,并说明其杀菌能力的强弱。

2. 物理因素对微生物的影响

(1) 温度对微生物的影响

1) 将培养 48 h 的 *E. coli* 和枯草芽孢杆菌斜面加入无菌生理盐水各 5 mL，用接种环刮下菌苔制成菌悬液。

2) 取肉汤液体培养基试管 16 支，编号(1～16 号)，并注明各管所接菌种名称和处理的温度及时间。

3) 在 1、3、5、7 等单号管中接入 *E. coli* 悬液 0.2 mL，在 2、4、6、8 等双号管中接入枯草杆菌悬液 0.2 mL。

4) 将已接种的 1～8 号管同时放入 50℃水浴中，10 min 后取出 1～4 号管。再过 10 min 后取出 5～8 号管。同法将接过种的 9～16 号管同时放入 100℃水浴中，10 min后取出 9～12 号管，再过 10 min 后取出 13～16 号管。

5) 处理完的含菌试管取出后立即用冷水冲凉，然后置 37℃培养 24 h 后，观察生长情况并记录，用"－"表示不生长，"＋"表示生长较差，"＋＋"表示生长一般，"＋＋＋"表示生长良好。

(2) 渗透压对微生物的影响

1) 取含蔗糖分别为 2%、10%、20%、40%的合成培养基和含 NaCl 分别为 2%、10%、20%、40%的肉汤蛋白胨培养基，使其融化并冷至 45℃左右，各倒两个平板，待凝。

2) 在已凝固的平皿背面用记号笔划成两半，一半划线接种大肠杆菌，另一半划线接种酿酒酵母。于 28℃条件下倒置培养 4 d，观察其生长情况。

(3) 紫外线对青霉菌的影响

1) 取霉菌培养基平板 14 个，将霉菌孢子悬液(约 3 000 个孢子/mL)吸取 0.5 mL分别放入察氏培养基平板的中央，用无菌玻璃刮棒均匀涂布于整个表面。

2) 取 12 个上述平板放入已灭菌的接种箱内，紫外灯打开 2 min 后，将各培养皿盖打开，使培养物在紫外光下照射。隔 1 min、2 min、3 min、5 min、10 min、15 min 后，分别将两个培养皿加盖取出。

3) 留下两皿未经照射的作对照，将上述所有 14 个平板置 28℃培养，一周后观察菌落数，以对照作为 100%，算出各平板的百分率，并观察菌落颜色、形态有何变异发生。

【实验报告】

1. 将各种化学药品对金黄色葡萄球菌的致死能力填入表 33－1 中。

表 33-1 各类药剂对金黄色葡萄球菌的致死能力

药剂	抑菌圈直径/mm
2.5%碘酒	
1%升汞($HgCl_2$)	
5%石炭酸	
75%乙醇	
1%来苏尔	
0.05%龙胆紫	
0.005%龙胆紫	
0.25%新洁尔灭	

2. 将两种温度对 *E. coli* 和枯草芽孢杆菌影响结果填入表 33-2 中。

表 33-2 温度对 *E. coli* 和枯草芽孢杆菌的影响

菌种	50℃		100℃	
	10/min	20/min	10/min	20/min
E. coli				
枯草芽孢杆菌				

3. 将渗透压对 *E. coli* 和酿酒酵母的影响填入表 33-3 中。

表 33-3 渗透压对 *E. coli* 和酿酒酵母的影响

菌种	蔗糖				NaCl			
	2 min	10 min	20 min	40 min	2 min	10 min	20 min	40 min
E. coli								
酿酒酵母								

4. 将紫外线对青霉菌的影响填入表 33-4 中。

表 33-4 紫外线对青霉菌的影响

影响结果	1、2号 光照 1 min	3、4号 光照 2 min	5、6号 光照 3 min	7、8号 光照 5 min	9、10号 光照 10 min	11、12号 光照 15 min
菌落数						
百分率/%						

【思考题】

1. 化学药剂对微生物所形成的抑菌圈未长菌部分是否说明微生物均被杀死？

2. 不同浓度的糖和盐对 *E. coli* 和酵母菌的影响如何？它们在哪个浓度生长最好？

3. 经紫外线照射的青霉菌培养后有什么变化？为什么？

实验 33-2　微生物死灭温度的测定

【实验目的】

1. 了解不同种类微生物对温度敏感程度。

2. 了解微生物有无芽孢，对抵抗温度性能的差异。

【实验原理】

一种微生物在一定的条件下，10 min 内被杀死的温度为热死点温度。微生物的热死点温度尚受培养基含水量、微生物本身含水量、培养基组成、菌龄及能形成孢子的微生物在培养中有无孢子产生等影响。细菌的芽孢和霉菌的孢子均具有抗热性，可用此法选择分离。

【实验材料与用品】

1. 菌种和培养基

E. coli、枯草芽孢杆菌、一株未知菌株。肉汤培养基、肉汤琼脂培养基。

2. 仪器与用品

水浴锅、温度计等。

【实验步骤】

1. 分别接种 *E. coli*、枯草芽孢杆菌于肉汤培养基中，于 37℃恒温培养 24 h。

2. 分别将 *E. coli* 培养液、枯草芽孢杆菌培养液各取 1 mL，注入五组无菌试管中。

3. 将上述五组试管分别在 60℃、70℃、80℃、90℃、100℃水浴锅中加热 10 min。

4. 分别将每支试管内的培养液移入无菌培养皿内，并与融化后已冷却到 45℃左右的肉汤琼脂培养基混合，待凝固后置 37℃恒温培养 24 h。

【实验报告】

1. 阐述按上述方法和步骤分别测定 *E. coli* 和枯草芽孢杆菌的热死点温度时，应注意哪些事项。

2. 记录 *E. coli*、枯草芽孢杆菌分别在什么温度下死亡。

【思考题】

1. 为什么枯草芽孢杆菌比 *E. coli* 能忍耐较高的温度？

2. 为什么在同样的时间内微生物并不完全能杀死？

3. 有芽孢的细菌与无芽孢的细菌相比哪个更抗高温？

实验 33-3 石炭酸系数法对药物药效的检测

【实验目的】

1. 了解各种表面消毒剂对微生物的作用。

2. 学习用石炭酸系数来比较各种表面消毒剂相对杀菌强度。

【实验原理】

表面消毒剂是指对一切活细胞都有毒性、不能用作活细胞内的化学治疗用的化学药剂,种类很多。为比较各种表面消毒剂的相对杀菌强度,常采用在临床上最早使用的消毒剂——石炭酸作为比较的标准,以石炭酸系数(酚系数)(phenol coefficient, p.c)来衡量表面消毒剂的杀菌强弱。石炭酸系数是指在一定时间内被试药物能杀死全部供试菌的最高稀释度与达到同效的石炭酸的最高稀释度的比率。一般规定处理时间的单位为分钟,供试菌定为伤寒沙门菌。例如,某甲药剂以1∶300的稀释度在10 min内杀死所有的供试菌,而达到同效的石炭酸的最高稀释度为1∶100,则该药剂的石炭酸系数等于3,即p.c=300/100=3。由于各种消毒剂的杀菌机制各不相同,故石炭酸系数仅有一定的参考价值。

【实验材料与用品】

1. 菌种和培养基

伤寒沙门菌(*Salmomella typhi*)或*E.coli*、荧光假单胞菌(*Pseudomvnas aeruginosa*),牛肉膏蛋白胨培养基(液体和固体)。

2. 试剂

2.5%碘酒、0.1%升汞、5%石炭酸、75%乙醇、100%乙醇、1%来苏尔、0.25%新洁尔灭、0.005%龙胆紫、0.05%龙胆紫、无菌生理盐水。

3. 仪器与用品

18×180的大试管、酒精灯、吸管、接种环、玻璃涂布棒、无菌培养皿、恒温振荡培养箱。

【实验步骤】

1. 将石炭酸稀释配成1/50、1/60、1/70、1/80及1/90的不同浓度,分别取5 mL装入相应的试管中。

2. 将待测的消毒剂(来苏尔)稀释配成1/150、1/200、1/250、1/300及1/500的不同浓度,各取5 mL装入相应的试管。

3. 取盛有已灭菌的牛肉膏蛋白胨液体培养基试管30支。其中,15支标明石炭酸的5种浓度,每种3管(分别标记上5 min、10 min及15 min);另15支标明来苏尔的5种浓度,每种浓度3管(分别标记上5 min、10 min及15 min)。

4. 在上述盛有不同浓度的石炭酸和来苏尔溶液中各接入 0.5 mL 伤寒沙门菌或*E. coli*菌液并混匀。每管自接种时起分别于 5 min、10 min 和 15 min 用接种环从各管内取一环菌液接入标记有相应石炭酸和来苏尔浓度的装有牛肉膏蛋白胨液体培养基的试管中。

5. 将接种的试管置于 37℃温箱培养，48 h 后观察并记录细菌的生长情况。细菌生长者试管内培养液混浊，以“＋”表示；不生长者培养液澄清，以“－”表示。

6. 计算石炭酸系数。

【实验报告】

将石炭酸系数的计算结果填入表 33－5 中。

表 33－5　石炭酸系数的计算结果

消毒剂	稀释倍数	生长情况/min			石炭酸系数
		5	10	15	
石炭酸	50				
	60				
	70				
	80				
	90				
来苏尔	150				
	200				
	250				
	300				
	500				

【思考题】

1. 75％和 100％乙醇对 *E. coli* 的作用效果有何不同？医院常用作消毒剂的乙醇浓度是多少？请说明用此浓度乙醇的原因和机制。

2. 石炭酸系数测定的局限性是什么？

实验 34　用生长谱法测定微生物的营养要求

【实验目的】

学习用生长谱法测定微生物营养需要的基本原理和方法。

【实验原理】

为了使微生物生长、繁殖，必须供给所需要的碳源、氮源、无机盐、微量元素、生长因子等，如果缺少其中一种，微生物便不能生长。根据这一特性，可将微生物接种在一种只缺少某种营养物的完全合适的琼脂培养基中,倒成平板,再将所缺的这种营养物(如各种碳源)点植于平板上,经适温培养,该营养物便逐渐扩散于植点周围。该微生物若需要此种营养物,便在营养物扩散处生长繁殖,微生物繁殖之处便出现圆形菌落圈,即生长图形,故称此法为生长谱法。这种方法可以定性、定量地测定微生物对各种营养物质的需要。在微生物育种和营养缺陷型的鉴定中也常用此法。

【实验材料与用品】

1. 菌种与培养基

E. coli,合成培养基。

2. 试剂

木糖、葡萄糖、半乳糖、麦芽糖、蔗糖、乳糖。

3. 仪器与用品

无菌平板、无菌牙签、吸管、无菌水等。

【实验步骤】

1. 将培养 24 h 的 *E. coli* 斜面用无菌水洗下,制成菌悬液。

2. 将合成培养基约 20 mL 融化后冷到 50℃左右,加入 1 mL *E. coli* 悬液,摇匀,立即倾注于直径为 12 cm 的无菌培养皿中。待充分凝固后,在平板背面用记号笔划分为六个区,并标明要点植的各种糖类(图 34-1)。

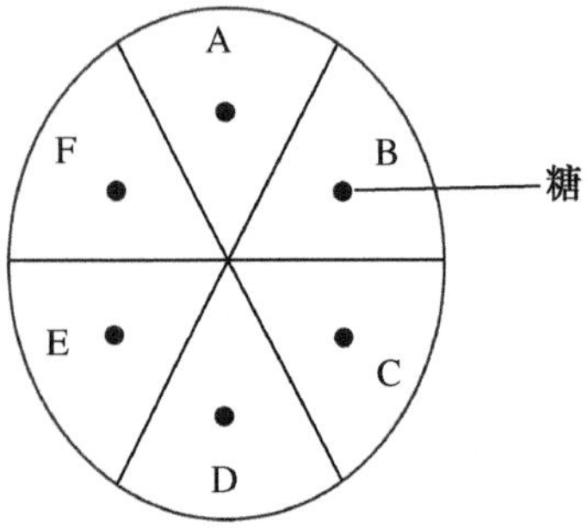

图 34-1 各种糖类点植图示

3. 用 6 根无菌牙签,分别挑取 6 种糖对号点植,糖粒大小如小米粒。

4. 倒置于 37℃温室培养 18～24 h,观察各种糖周围有无菌落圈。

【实验报告】

1. 绘图表示生长情况。

2. 根据实验结果 *E. coli* 所需要的碳源是什么?

实验 35 固定化活细胞的制备及其发酵实验

【实验目的】

1. 了解微生物细胞固定化的原理及其优缺点。

2. 学习制备固定化微生物活细胞的方法。

3. 了解固定化活细胞发酵产酶的特性。

【实验原理】

固定微生物活细胞的原理是将微生物活细胞利用物理或化学的方法，使细胞与固体的水不溶性支持物(或称载体)相结合，使其既不溶于水，又能保持微生物的活性。由于微生物细胞被固定在载体上，使得它们在反应结束后可反复使用，也可储存较长的时间，使其活性不变。该项技术是近代微生物学上的重要革新，展示着广阔的前景。

微生物细胞的固定化常用的载体有：① 多糖类(纤维素、琼脂、葡聚糖凝胶、藻酸钙、K-角叉胶)；② 蛋白质(骨胶原、明胶)；③ 无机载体(氧化铝、活性炭、陶瓷、磁铁、二氧化硅、高岭土、磷酸钙凝胶等)；④ 合成载体(聚丙烯酰胺、聚苯乙烯、酚醛树脂等)。选择载体的原则以无毒、廉价、强度高为好。微生物细胞固定的方法常用的有吸附法、包埋法和共价交联法三类。

吸附法是将细胞直接吸附于惰性载体上，分物理吸附法与离子结合法。物理吸附法是利用硅藻土、多孔砖、木屑等作为载体将微生物细胞吸附住。离子结合法是利用微生物细胞表面的静电荷在适当的条件下可以和离子交换树脂进行离子结合和吸附制成固定化细胞。吸附法优点是操作简便、载体可再生；缺点是细胞与载体的结合力弱，pH、离子强度等外界条件变化都可以造成细胞的解吸而从载体上脱落。

包埋法是将微生物细胞均匀地包埋在水不溶性载体的紧密结构中，细胞不至漏出，而底物和产物可以进入和渗出。细胞和载体不起任何结合反应，细胞处于最佳生理状态。因此，酶的稳定性高，活力持久，所以目前对于微生物细胞的固定化大多采用包埋法。

共价交联法是利用多功能或双功能交联剂，使载体和微生物细胞相互交联起来，成为固定化活细胞。常用的最有效的交联剂是戊二醛，这是一种双功能的交联剂，在其分子中一个功能团与载体交联，另一个功能团与细胞交联。此法最为突出的优点是固定化细胞稳定性好，共价交联剂和载体都很丰富。

到目前为止，尚无一种可用于所有种类的微生物细胞的固定化的方法。因此，对某种特定的微生物细胞来说，必须选择其合适的固定化方法和条件。

【实验材料与用品】

1. 菌种

枯草芽孢杆菌生产淀粉酶菌种。

2. 培养基

(1) 产淀粉酶种子培养基　葡萄糖 10 g、$CaCl_2 \cdot 2H_2O$ 0.1 g、$NH_4H_2PO_4$ 5 g、$FeSO_4 \cdot 7H_2O$ 0.1 g、柠檬酸钠 0.5 g、水 1 000 mL，pH 7.2，121℃湿热灭菌 20 min。

(2) 产淀粉酶发酵培养基　酵母膏 1 g、葡萄糖 10 g、$FeSO_4 \cdot 7H_2O$ 0.1 g、$MnSO_4 \cdot H_2O$ 0.5 g、柠檬酸钠 0.5 g、$CaCl_2 \cdot 2H_2O$ 0.1 g、水 1 000 mL，pH 7.2～7.4，121℃湿热灭菌。

3. 试剂

4%海藻酸钠溶液、0.05 mol/L $CaCl_2$ 水溶液、柠檬酸缓冲液(pH 5.0)、无菌生理盐水(0.85% NaCl)。

4. 仪器与用品

玻璃管硫化床反应器(直径 3 cm,高 20 cm,管外套加循环水套)、空气滤器、空气流量计、恒流泵、磁力搅拌器、10 L 发酵罐(或恒温摇床)、水浴锅、500 mL 三角瓶、试管、比色用带孔穴白瓷板。

【实验步骤】

1. 菌体准备

在无菌操作条件下,将灭菌的种子培养基按每瓶 100 mL 分装于 500 mL 三角瓶中,将活化的枯草芽孢杆菌 α-淀粉酶菌株接种于以上培养液中,37℃、120 r/min 振荡培养16 h作菌种。按 10% 的接种量接种于装有无菌发酵培养基的 10 L 发酵罐中(或接种于大三角瓶中恒温摇床培养)。维持 37℃搅拌培养至对数生长后期(约 24 h),离心收集菌体,用无菌生理盐水洗涤 2 次。将收集的菌糊用生理盐水以 10 g/100 mL 制成菌悬液。

2. 固定化活细胞的制备

(1) 海藻酸钠凝胶固定化细胞的制备　在 37℃条件下,将菌悬液与经 115℃灭菌30 min的 4% 海藻酸钠溶液等体积混合,放在磁力搅拌器上保持低速搅拌。以细塑胶管连接恒流泵和菌体-海藻酸钠悬液,在恒流泵的输送下,菌体-海藻酸钠悬液经直径为 2～3 mm的玻璃滴管滴入低速而连续磁力搅拌的 0.05 mol/L $CaCl_2$ 溶液中,然后转入 4℃冰箱,过夜。取出后经无菌生理盐水洗涤 2 次,制成直径约 1 mm 的固定化枯草芽孢杆菌细胞胶珠,菌体包埋在海藻酸钙凝胶中,即制成固定化细胞。

取 2 粒胶珠溶于 10 mL pH 5.0 的柠檬酸缓冲液中进行平板活细胞计数,并制片镜检,分别记录计数结果。

(2) K-角叉胶固定化细胞的制备　K-角叉胶是一种从海藻中分离出来的多糖,其化学组成为 β-D-半乳糖硫酸盐和 3,6-脱水-α-D-半乳糖交联而成。热 K-角叉胶经冷却或经胶诱生剂如 K^+、NH_4^+、Ca^{2+}、Mg^{2+}、Fe^{3+} 及水溶性有机溶剂诱导形成凝胶。K-角叉胶固定微生物细胞有许多优点,如条件粗放、凝胶诱生剂对酶活性影响很小、细胞回收方便。因此,目前多选用它作载体。

称取 1.6 g K-角叉胶，于小烧杯中加无菌去离子水，调成糊状，再加入其余的水（总量为 40 mL），火上加温至溶化，冷却至 45℃左右，加入 10 mL 预热至 31℃左右的枯草杆菌培养液。混合后倒入带有小喷嘴的塑料瓶中或注射器外套并与小针头相接，通过直径为 5～20 mm 的小孔，以恒定的流速滴加到装有已预热至 20℃ 2% KCl 溶液的平皿中制成凝胶珠，浸泡30 min后，将凝胶珠转入 300 mL 锥形瓶中。用无菌去离子水洗涤 3 次后，加入 200 mL 产酶发酵培养基，置 37℃温箱培养 72 h，观察结果。取两粒胶珠置于无菌生理盐水中浸泡，然后放 4℃冰箱保存，留作计数活细胞。

3. 固定化活细胞连续发酵生产淀粉酶

先将玻璃管流化床反应器灭菌（图 35-1），然后在进气口连接空气流量计和空气过滤器。在水循环外套的入口处连接水浴锅和温水循环装置，使固定化细胞反应器温度维持在 37℃。在玻璃管流化床反应器内装入 70 g 固定化细胞胶珠。开启恒流泵后，发酵培养液便流进反应器，反应器中供给无菌空气。培养后的发酵液自反应器顶部流出，收集发酵液，于 4℃冰箱保存，用于测定 α-淀粉酶活性。

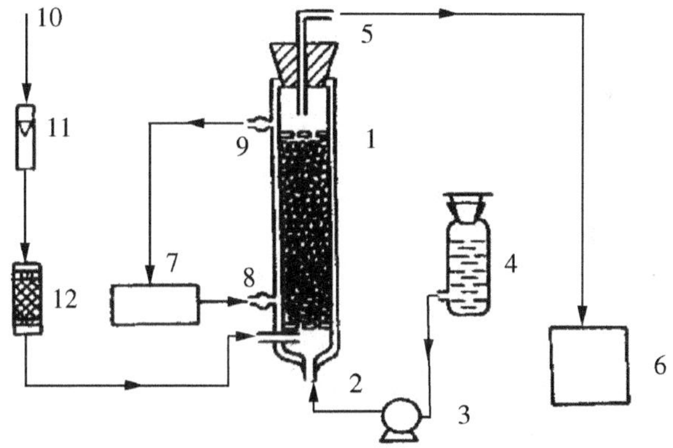

图 35-1　固定化活细胞连续生产 α-淀粉酶装置

1. 玻璃管流化床（装填有固定化细胞）；2. 培养液入口；3. 恒流泵；4. 培养液；5. 发酵液出口；6. 发酵液收集器；7. 恒温水浴箱；8. 水循环外套入口；9. 水循环外套出口；10. 空气；11. 空气流量计；12. 空气过滤器

4. α-淀粉酶活性的测定

对收集的发酵液，可直接进行α-淀粉酶的活性测定，也可经超过滤浓缩5～10倍后测定浓缩液的酶活性。

1）吸取 1 mL 标准糊精液，转入装有 3 mL 标准碘液的试管中，以此作为比色的标准管（或者吸取2 mL转入比色用白瓷板的空穴内，作为比色标准）。

2) 在 2.5 cm×20 cm 试管中加入 2% 可溶性淀粉液 20 mL,加 pH 5.0 的柠檬酸缓冲液 5 mL,在 60℃水浴中平衡约 5 min,加入酶液 0.5 mL,立即计时并充分混匀。定时取出 1 mL 反应液于预先盛有比色稀碘液的试管内(或取出 0.5 mL 加至预先盛有比色稀碘液的白瓷板空穴内),当颜色反应由紫色变为棕橙色,与标准色相同时即为反应终点,记录时间。以未发酵的培养液作为对照,测定酶活性的空白对照液。

3) 计算淀粉酶活力:

$$酶活力(U/mL)=(60/t\times 20\times 2\%\times n)\div 0.5$$

式中,t 为反应时间(min),n 为酶液稀释倍数,0.5 是使用的酶液量(mL)。

【实验报告】

1. 记录所收集的发酵液的淀粉酶活性,并根据测定结果阐述固定化细胞的产酶特点。
2. 试说明两种固定方法的结果有什么不同,解释原因。
3. 说明两粒包埋胶珠的平板活细胞计数结果。

【思考题】

1. 制备固定化活细胞的操作中,应重点掌握哪几个技术环节?
2. 从结果分析,这两种方法哪种对于测定淀粉酶更为适合?分析原因。
3. 你认为利用固定化活细胞测定酶活力有哪些优点?

实验 36 乳酸发酵与乳酸菌饮料的制备

【实验目的】

1. 学习乳酸发酵和制作乳酸菌饮料的方法,了解乳酸菌的生长特性。
2. 了解常用食品微生物种类。

【实验原理】

乳酸菌饮料是一种以脱脂乳为原料,接种乳酸菌进行发酵,使其大量生酸,再加入适量糖制成浓饮料。饮用时可进一步稀释。该类饮料名称繁多,营养丰富,是一种值得开发的饮料。

【实验材料和用品】

1. 菌种和培养基

嗜热乳酸链球菌(*Streptococcus thervnophilus*)、保加利亚乳酸杆菌(*Lactobacillus casei*),乳酸菌种也可以从市场销售的各种新鲜酸乳或酸乳饮料中分离,BCG 牛乳培养基、乳酸菌培养基。

2. 试剂

脱脂乳试管(见附)、脱脂乳粉或全脂乳粉、牛奶、蔗糖、碳酸钙。

3. 仪器与用品

恒温水浴锅、酸度计、高压蒸汽灭菌锅、均质机、超净工作台、培养箱、酸乳瓶(20～80 mL)、培养皿、试管、300 mL 三角瓶。

【实验步骤】

1. 乳酸菌的分离纯化

(1) 分离　取市售新鲜酸乳或泡制酸菜的酸液稀释至 10^{-5},取其中的 10^{-4}、10^{-5} 2 个稀释度的稀释液各 0.1～0.2 mL,分别接入 BCG 牛乳培养基琼脂平板上,用无菌涂布器依次涂布。或者直接用接种环蘸取原液平板划线分离,置 40℃培养 48 h,如出现圆形稍扁平的黄色菌落及其周围培养基变为黄色者初步定为乳酸菌。

(2) 鉴别　选取乳酸菌典型菌落转至脱脂乳试管中,40℃培养 8～24 h。若牛乳出现凝固、无气泡、呈酸性,涂片镜检细胞杆状或链球状(两种形状的菌种均分别选入),革兰氏染色呈阳性,则可将其连续传代 4～6 次。最终选择出在 3～6 h 能凝固的牛乳管,作菌种待用。

2. 乳酸发酵及检测

(1) 发酵　在无菌操作下将分离的 1 株乳酸菌接种于装有 300 mL 乳酸菌培养液的500 mL 三角瓶中,40～42℃静止培养。

(2) 检测　为了便于测定乳酸发酵情况,分 2 组实验。一组在接种培养后,每 6～8 h 取样分析,测定 pH。另一组在接种培养 24 h 后每瓶加入 $CaCO_3$ 3 g(以防止发酵液过酸使菌种死亡),每 6～8 h 取样,测定乳酸含量(方法见附),记录测定结果。

3. 乳酸菌饮料的制作

1) 将脱脂乳和水以 1∶(7～10)(W/V)的比例,同时加入 5%～6%蔗糖,充分混合、均质,于 80～85℃灭菌 10～15 min,然后冷却至 35～40℃,作为制作饮料的培养基质。

2) 将纯种嗜热乳酸链球菌、保加利亚乳酸杆菌及两种菌的等量混合菌液作为发酵剂,均以 2%～5%的接种量分别接入以上培养基质中即为饮料发酵液,亦可以市售鲜酸乳为发酵剂。接种后摇匀,分装到已灭菌的酸乳瓶中,每一种菌的饮料发酵液重复分装3～5瓶,随后将瓶盖拧紧密封。

3) 把接种后的酸乳瓶置于 40～42℃恒温箱中培养 3～4 h。培养时注意观察,在出现凝乳后停止培养。然后转入 4～5℃的低温下冷藏 24 h 以上。经此后熟阶段,达到酸乳酸度适中(pH 4～4.5),凝块均匀致密,无乳清析出,无气泡,获得较好的口感和特有风味。

4）以品尝为标准评定酸乳质量。采用乳酸球菌和乳酸杆菌等量混合发酵的酸乳与单菌株发酵的酸乳相比较，前者的香味和口感更佳。品尝时若出现异味，表明酸乳污染了杂菌。

4. 演示

1）在BCG牛乳培养基琼脂平板上乳酸菌的黄色菌落典型特征和镜检细胞学特征。

2）已发酵的乳酸菌饮料凝乳情况观察。

【注意事项】

1. 采用BCG牛乳培养基琼脂平板筛选乳酸菌时，注意挑取典型特征的黄色菌落，结合镜检观察，有利高效分离筛选乳酸菌。

2. 制作乳酸菌饮料，应选用优良的乳酸菌，采用乳酸球菌与乳酸杆菌等量混合发酵，使其具有独特风味和良好口感。

3. 牛乳的消毒温度和时间应适宜，防止长时间采用过高温度消毒而破坏酸乳风味。

4. 作为卫生合格标准还应按卫生部门规定进行检测，如*E. coli*群检测等。经品尝和检验，合格的酸乳应在4℃条件下冷藏，可保持6～7 d。

【实验报告】

1. 乳酸发酵过程、检测结果及结果分析。

2. 将发酵的酸乳品评结果记录于表36－1。

表36－1 发酵的酸乳品评结果记录表

乳酸菌类	品评项目					结论
	凝乳情况	口感	香味	异味	pH	
球菌						
杆菌						
球菌、杆菌混合(1∶1)						

【思考题】

1. 发酵酸乳为什么能引起凝乳？

2. 为什么采用乳酸菌混合发酵的酸乳比单菌发酵的酸乳口感和风味更佳？

附

1. 脱脂乳试管

直接选用脱脂乳液或按脱脂乳粉与5%蔗糖水为1∶10的比例配制，装量以试管的 1/3 为宜，115℃灭菌 15 min。

2. 乳酸检测方法

(1) 定性测定　取酸乳上清液约 10 mL 于试管中，加入 10% H_2SO_4 1 mL，再加 2% $KMnO_4$ 1 mL，此时乳酸转化为乙醛，把事先在含氨的硝酸银溶液中浸泡的滤纸条搭在试管口上，微火加热试管至沸，若滤纸变黑，则说明有乳酸存在，这是因为加热使乙醛挥发的结果。

(2) 定量测定

1) 测定方法：取稀释 10 倍的酸乳上清液 0.2 mL，加至 3 mL pH 9.0 的缓冲液中，再加入 0.2 mL NAD 溶液，混匀后测定其 $OD_{340\ nm}$值为 A1，然后加入 0.02 mL L(+)LDH、0.02 mL D(−)LDH，25℃保温 1 h，测定 $OD_{340\ nm}$值为 A2。同时用蒸馏水代替酸乳上清液作对照，测定步骤及条件完全相同，测出的相应值为 B1 和 B2。

2) 计算公式：

$$乳酸(g/100\ mL)=\frac{VM\Delta_{\in}\ D}{1\,000\in\times 1VS}$$

式中，V 为比色液最终体积(3.44 mL)，M 为乳酸的摩尔重量(1 mol/L=90 g)，$\Delta_{\in}$ 为(A_2-A_1)—(B_2-B_1)，D 为稀释倍数(10)，$\in$为 NADH 在 340 nm 吸光系数[6.3×10^3 L/(mol·cm)]，1 为比色皿的厚度(0.1 cm)，V_5 为取样体积(0.2 mL)。

3) 测定乳酸试剂的配制(见附录 2)。

(3) 酸乳的检查指标

1) 感观指标：酸乳凝块均匀细腻，色泽均匀无气泡，有乳酸特有的悦味。

2) 合格的理化指标：如脂肪≥3%、乳总干物质≥11.5%、蔗糖≥5.00%、酸度 70～110 T°、Hg<0.01×10^{-6} mg/mL 等。

3) 无致病菌，大肠菌群≤40 个/100 mL。

实验 37　酵母菌乙醇发酵及其影响因素

【实验目的】

1. 了解酵母菌乙醇发酵的机制及影响乙醇发酵的因素。

2. 掌握研究酵母菌乙醇发酵的方法。

【实验原理】

微生物极易受环境条件影响而改变代谢途径。酵母菌在不同培养条件下，生长繁殖速度和发酵产物均不同。在有氧条件下,酵母菌通过有氧呼吸获得大量能量,产生 CO_2 和 H_2O,使细胞大量生长繁殖。而在无氧条件及微酸环境时,经糖酵解途径产生乙醇(Ⅰ型发酵);当在培养基中加入亚硫酸盐后,亚硫酸盐和乙醛形成加成物,而磷酸二羟丙酮还原形成甘油(Ⅱ型发酵);在碱性(pH 7.6)条件下,乙醛不能作为受氢体,乙醛分子之间发生歧化反应,形成乙酸、乙醇(Ⅲ型发酵)(图 37-1)。本实验设计了通气、厌氧、不同营养成分和 pH 等不同的条件,比较酵母生长及产生乙醇、甘油的情况,观察不同环境条件对微生物代谢过程的影响。

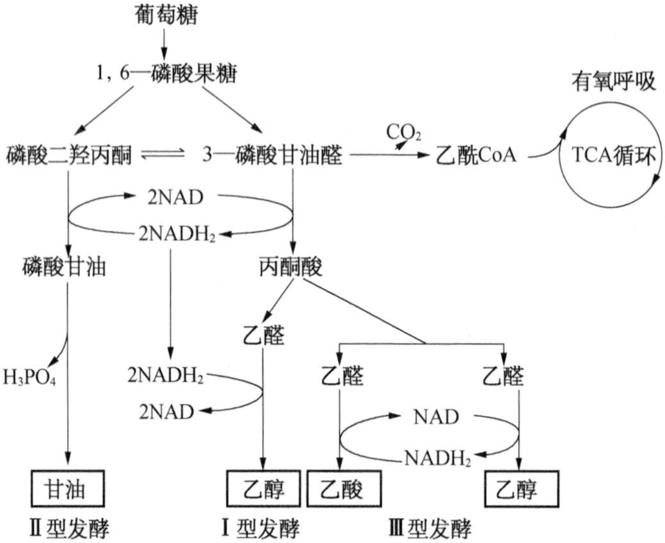

图 37-1　不同条件下酵母菌的乙醇发酵途径

【实验材料与用品】

1. 菌种

啤酒酵母。

2. 试剂

蔗糖,NH_4NO_3,KH_2PO_4,$MgSO_4 \cdot 7H_2O$,Na_2SO_3,豆芽汁,1 mL/L 的甘油溶液。

3. 显色剂

(1) 硝酸银丙酮溶液　100 g/L $AgNO_3$ 50 mL;丙酮 450 mL,将两者混合摇匀,装入棕色瓶中,置于暗处保存。

(2) 碱性乙醇溶液(10 g/L NaOH 乙醇溶液)　称取 NaOH 10 g,先用少量水溶解再用 95%乙醇稀释至 1 000 mL。

(3) 7.5 mol/L 氢氧化铵溶液　　浓氨水为 15 mol/L,用时稀释 1 倍即可。

4. 仪器设备

乙醇蒸馏装置,血球计数板,250 mL 三角瓶,吸管,烧杯,玻璃棒,白瓷板,pH 试纸,棉花,旧报纸,接种环,层析用新华一号定性滤纸,点样毛细管(20 μL)。

【实验步骤】

1. 培养基的配制及仪器准备

1) 配制乙醇发酵用完全培养基：蔗糖 20 g,NH_4NO_3 0.5 g,KH_2PO_4 0.5 g,$MgSO_4 \cdot 7H_2O$ 0.5 g,200 g/L 豆芽汁 2 mL,加自来水 1 000 mL。配制 500 mL 培养液,分装于 5 个 250 mL 的三角瓶中,每瓶 100 mL,将其中一瓶的 pH 调至 7.6,其余 4 瓶为自然 pH (pH 5 左右)。

2) 配制 100 mL 缺磷培养基：培养基中除缺少 KH_2PO_4 外,其他成分均和上述完全培养基成分相同,装在一个 250 mL 三角瓶中。

3) 用废报纸包扎 1 支 1 mL 的吸管;准备 2 支试管,每支试管内装入 10 mL 蒸馏水,塞上棉塞。

4) 称取 Na_2SO_3 4 份,每份 1 g,各用纸包好,置于干净的培养皿内。

上述培养基及物品,均需经 0.1 MPa 灭菌 20 min。

2. 菌种

先将啤酒酵母 12 号接种于豆芽汁葡萄糖斜面,30℃培养 24 h,使菌活化。然后将已活化的菌种转接到两支新鲜豆芽汁葡萄糖斜面,以及 1 个克氏瓶中的豆芽汁葡萄糖固体培养基上(留待加 Na_2SO_3 处理用),30℃培养 24 h 后立即接入发酵液中。

3. 接种及发酵

按表 37－1 要求进行 6 组处理。

表 37－1　乙醇发酵实验处理

项　目	30℃静置(Ⅰ)	30℃通气(Ⅱ)	30℃静置 pH 7.6(Ⅲ)	40℃静置(Ⅳ)	30℃静置 Na_2SO_3(Ⅴ)	30℃静置(Ⅵ)
培养基	完全	完全	完全	完全	完全	缺磷
pH	自然 pH	自然 pH	pH 7.6	自然 pH	自然 pH	自然 pH
接种	菌悬液	菌悬液	菌悬液	菌悬液	克氏瓶菌体	菌悬液

在 2 支培养了 24 h 的酒精酵母斜面上,各加入无菌水约 6 mL,用接种环刮下斜面上的菌体,手摇振荡,然后将 2 支菌悬液合并,即成接种用的酵母菌悬液。分别在Ⅰ、Ⅱ、Ⅳ 3 组装有完全培养基(自然 pH),第Ⅲ组装有 pH 7.6 完全培养基及

第Ⅵ组缺磷培养基中,用无菌移液管各接入 1 mL 酵母菌悬液。接种完毕后,将第Ⅳ组完全培养液置于 40℃恒温箱中静置培养,第Ⅱ组完全培养液置于 30℃恒温室摇床上振荡培养,其余Ⅰ、Ⅲ、Ⅳ 3 组均置于 30℃恒温箱中静置培养。另外,将克氏瓶中培养 24 h 的全部啤酒酵母菌体,用接种环刮下,接种到第Ⅴ组装有 100 mL 完全培养液(自然 pH)的三角瓶内,同时加入 1 g 已灭菌的 Na_2SO_3,置于 30℃恒温箱中,静置培养,以后每隔 6 h 再在无菌条件下加入 1 g Na_2SO_3(先后共需加入 Na_2SO_3 4 g)。将上述 6 组发酵液培养 3 d,观察结果。

4. 结果观察

(1) 酵母细胞计数　用血球计数板在显微镜下直接计数。在第Ⅳ组 40℃完全培养基中及在第Ⅵ组 30℃缺磷培养基中发酵的样品,不需要经过稀释,即可直接进行细胞计数,而其余各组的样品则需先经稀释,再进行细胞计数。稀释时以血球计数板中每小格含有 4～5 个酵母为宜,一般稀释 10 倍即可。每个样品重复计数 1 次,取其平均值。计算每毫升发酵液内所含的酵母细胞数。每次数目不能相差太大,否则应重做。

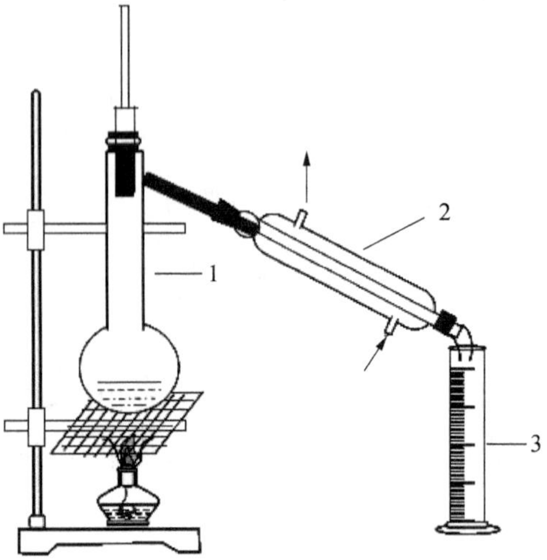

图 37-2　乙醇发酵液蒸馏装置图

1. 圆底烧瓶内;2. 冷凝管;3. 乙醇收集器

(2) 乙醇蒸馏及酒精度的测定

本次实验发酵液中所含的乙醇浓度较低,因此可直接加热蒸馏(图 37-2)。

分别量取发酵液 60 mL 于蒸馏装置的圆底烧瓶中蒸馏,当开始流出液体时,准确收集40 mL于量筒中,用乙醇比重计测量其酒精度。

(3) 甘油的定性分析(用纸层析法测定)

1) 滤纸准备　一般用新华一号定性滤纸,将滤纸裁成 30 cm×25 cm 的大小。在距纸底边 3 cm 处用铅笔轻轻画一横线。在此线上面画出等距离的圆点,每两点之间距离约为0.5 cm,再以每点为中心画一圆圈,其直径大小为 0.5 cm。在每点下面应注明样品名称,并在纸的下方注明年、月、日及姓名。

2) 点样

a. 用毛细管吸取第Ⅴ组加有 Na_2SO_3的发酵液 10 μL,滴加于滤纸上所画的圆圈中,每滴加一次,需待其晾干后,才能重新滴加第 2 次。

b. 用同样方法,滴加 10 μL 在 30℃静置培养的发酵液于层析纸上的圆圈中,作为对照。

c. 用毛细管吸取 10 mL/L 甘油溶液 3 μL，如上法滴加于滤纸上的圆圈中。

在点样过程中，注意不能用手直接接触滤纸。滴加于层析纸上的样品点直径不能超过圆圈的画线范围。

3) 层析：用正乙醇∶乙酸∶水(4∶1∶5)作溶剂，30℃在层析缸中进行层析。当溶剂上升至距滤纸边上缘约 2cm 处，取出，晾干。

4) 显色

a. 用 $AgNO_3$ 丙酮溶液在滤纸上喷雾，晾干。

b. 用碱性乙醇溶液浸湿滤纸，此时显出棕黄色斑点。

c. 再用 NH_4OH 溶液浸湿滤纸。

d. 最后用蒸馏水将 NH_4OH 冲洗干净，再晾干。

【实验报告】

1. 记录实验结果于表 37－2 中。

表 37－2　实验观察记录表

项　目	30℃静置(Ⅰ)	30℃通气(Ⅱ)	30℃静置 pH 7.6(Ⅲ)	40℃静置(Ⅳ)	30℃静置 加 Na_2SO_3(Ⅴ)	30℃静置 缺磷(Ⅵ)
酵母细胞数(个/mL)						
酒精度(mL/L)						
甘油的产生*						

* 以"＋""－"号表示甘油的有无，并以"＋"号数目表示甘油的多少。

2. 根据实验结果，简单分析 6 组实验中静置培养、通气培养、高温培养、缺磷培养、pH 7.6 培养以及在培养基中加入 Na_2SO_3 对酵母生长繁殖与发酵的影响。

【思考题】

1. 根据糖酵解知识，解释无磷对乙醇发酵的影响。

2. 为什么酵母在碱性条件下或在发酵液中加入 Na_2SO_3 时，有利于甘油的生成，而不利于乙醇的积累？

3. 简述获得啤酒酵母菌体的最适条件(包括培养温度、培养基成分、pH、通气条件等)。

4. 简述利用啤酒酵母菌进行乙醇发酵的最适条件(包括培养温度、培养基成分、pH、通气条件等)。

5. 何谓巴斯德效应？从以上哪些结果中可以看出巴斯德效应？

实验 38 青霉素效价的生物测定

【实验目的】

1. 掌握抗生素效价的生物测定方法。

2. 观察产黄青霉 As3.546 在 Jarvis 合成培养基中产生青霉素的规律。

【实验原理】

抗菌物质的微生物测定方法有稀释法、比浊法及琼脂平板扩散法等。本实验采用国际上普遍应用的琼脂平板扩散法来测定青霉素效价。它是将规格一定的不锈钢小管置于带菌琼脂平板上,管中加入被测液,在室温中扩散一定时间后放入温箱培养。在菌体生长的同时,被测液(抗生素)扩散到琼脂平板内,抑制或杀死周围菌体的生长,从而产生不长菌的透明的抑菌圈。在一定的范围内,抗菌物质的浓度(对数值)与抑菌圈直径(数学值)呈线性关系。因此,根据抑菌圈的大小,可以求出相应的抗菌物质的效价。

【实验材料和用品】

1. 材料

金黄色葡萄球菌。

2. 培养基与试剂

(1) 传代用培养基

蛋白胨	5 g	K_2HPO_4	3.5 g
酵母膏	3 g	KH_2PO_4	1.32 g
牛肉膏	1.5 g	琼脂	18～20 g
葡萄糖	1 g	蒸馏水	1 000 mL
NaCl	3.5 g	pH 7.0(灭菌后)	

金黄色葡萄球菌在上述培养基上传代保存。每三周传代一次。菌种在 37℃培养 18～20 h 后,置室温下 2～4 h,可使其产生良好的色素。菌种斜面保存于 0～4℃冰箱。应注意蛋白胨质量。

(2) 生物测定用培养基

蛋白胨	6 g	琼脂	18～20 g
酵母膏	3 g	水	1 000 mL
牛肉膏	1.5 g	pH 6.5(灭菌后)	

生物测定时,培养皿内培养基分上、下两层,上层培养基须另加 0.5%葡萄糖,即每 100 mL 上层培养基中加入 50%葡萄糖溶液 1 mL。

(3) 1% pH 6.0 磷酸缓冲液

K_2HPO_4 0.2 g(或 $K_2HPO_4 \cdot 3H_2O$ 0.253 g)

KH_2PO_4 0.8 g 蒸馏水 100 mL

(4) 其他试剂 0.85% 生理盐水、苄青霉素钠盐 1 667 U/mg(1 国际单位=0.6 μg)。

3. 仪器与用品

不锈钢小管(牛津小杯)(内径 6±1 mm,外径 8±0.1 mm,高 10±0.1 mm)、培养皿(直径 90 mm,深 20 mm,要求大小一致、皿底平坦)、离心机、光电比色计、移液管、滴管、空试管、大口吸管等。

【实验步骤】

1. 金黄色葡萄球菌悬液的制备

在传代琼脂培养基上连续培养 3～4 代(37℃,16～18 h/代)的金黄色葡萄球菌,用 0.85%生理盐水洗下,离心沉淀,倾去上层清液,菌体沉淀再用生理盐水洗 1～2 次,最后将菌液稀释至 1.8×10^9～2.1×10^9/mL。或者用光电比色计测定,透光率为 20%(波长 650 nm)。

2. 青霉素标准溶液的配制

准确称取纯苄青霉素钠盐 15～20 mg,溶解在一定量的 pH 6.0 磷酸缓冲液内,使成 2 000U/mL 的青霉素溶液。然后依次稀释,配制成 10 U/mL 青霉素标准工作液。按表 38-1 加入青霉素标准溶液,以配制标准曲线中不同浓度的青霉素溶液。

表 38-1 绘制标准曲线用的不同浓度青霉素溶液配法

试管号	青霉素溶液浓度/(U/mL)	10 U/mL 青霉素溶液/mL	pH 6.0 磷酸缓冲液/mL
1	0.4	0.4	9.6
2	0.6	0.6	9.4
3	0.8	0.8	9.2
4	1.0	1.0	9.0
5	1.2	1.2	8.8
6	1.4	1.4	8.6

注:稀释时所用试管、移液管均需灭菌,缓冲溶液也需灭菌。1 U/mL 青霉素溶液用量较大,应适量多配。

3. 青霉素标准曲线的制备

取灭菌培养皿 15 套(应选择大小一致,皿底平坦),每皿用大口吸管吸取已冷至 45℃左右的下层培养基 21 mL。水平放置,待凝固之后,再加入含菌上层培养基 4 mL,将培养皿来回倾侧,使含菌的上层培养基均匀分布。

上层培养基在使用前先冷却至50℃左右，每100 mL培养基内加入50%葡萄糖溶液1 mL及金黄色葡萄球菌悬液3～5 mL，充分摇匀，在50℃水浴内放置10 min后使用。青霉素溶液的抑菌圈大小与上层培养基内菌体的浓度密切相关。增加细菌浓度，抑菌圈就缩小。实验中加入菌体的量应控制在使1U/mL青霉素溶液的抑菌圈直径在20～24 mm之间。

待上层培养基完全凝固之后，在每个琼脂平板上轻轻地放置不锈钢小管4只，小管之间的距离应相等。然后用带有橡皮头的滴管将青霉素标准溶液加于小管内(图38-1)。培养皿内不同坡度的青霉素标准工作液的详细排列如图38-2所示。每一浓度作三皿重复。

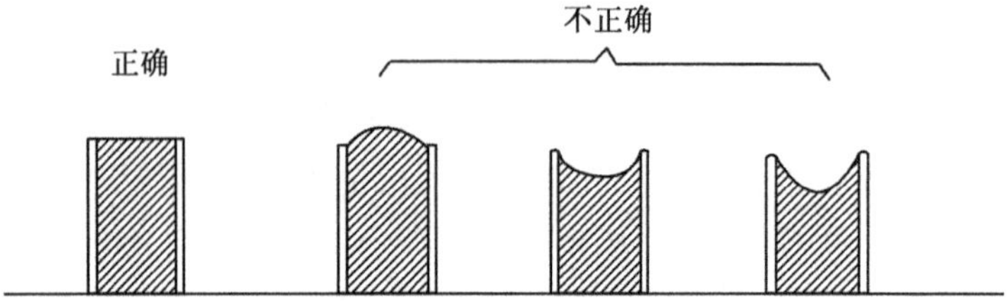

图38-1 小管内加抗生素液的标准

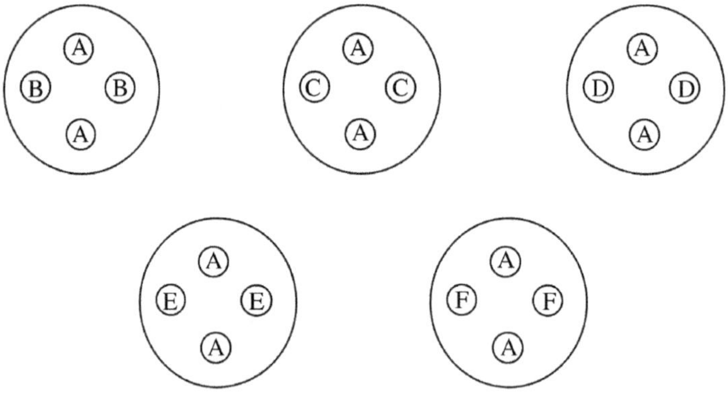

图38-2 用琼脂平板扩散法测定抗生素效价时，各剂量点位置的排列

A：标准曲线中参考点的青霉素剂量(1U/mL)；B～F：标准曲线中的其他剂量点，即0.4 U/mL、0.6 U/mL、0.8 U/mL、1.2 U/mL和1.4U/mL

青霉素溶液加毕后，换上陶盖，将培养皿移至37℃恒温箱内培养18～24 h后，移去小管，精确地测量抑菌圈直径。

4. 青霉素发酵液效价的生物测定

根据发酵时间，用1% pH 6.0磷酸缓冲液将青霉素发酵液作适当稀释。每个被检样品用3套培养皿进行测定。青霉素标准工作液(1 U/mL)与检品的稀释液间隔地加于小管内。37℃培养 18～24 h 后，量取抑菌圈直径。

5. 青霉素发酵液效价的计算

1) 将青霉素标准工作液(1 U/mL)的抑菌圈平均直径(3 套培养皿)与标准曲线上1 U/mL的抑菌圈直径进行校正，以求取校正数。

2) 将此校正数校正检品的抑菌圈直径，求得检品抑菌圈直径的校正值。

3) 将此校正值在标准曲线上查得检品稀释液的青霉素效价。

4) 将检品的稀释液的效价乘以检品的稀释倍数，就得检品(青霉素发酵液原液)的效价。

【实验报告】

1. 记录青霉素生物测定标准曲线于表 38－2 中。

表 38－2　青霉素生物测定标准曲线记录

年　月　日

皿号	青霉素浓度(U/mL)	抑菌圈直径/mm	平均值/mm	校正值/mm	1 U/mL 青霉素抑菌圈直径/mm	平均值/mm	校正值/mm
1							
2	0.4						
3							
4							
5	0.6						
6							
7							
8	0.8						
9							
10							
11	1.2						
12							
13							
14	1.4						
15							
				1 U/mL 青霉素抑菌圈总平均值＝　　mm			

计算：① 各组(即各剂量点)抑菌圈平均直径；② 各组 1 U/mL 青霉素的抑菌圈平均直径；③ 15 套培养皿中 1 U/mL 青霉素的抑菌圈总平均直径；④ 以 1 U/mL 青

霉素抑菌圈的总平均直径来校正各组的 1 U/mL 青霉素抑菌圈的平均直径,求得各组的校正数。

2. 记录青霉素发酵液效价的生物测定结果于表 38-3 中。

表 38-3 青霉素发酵液效价的生物测定记录表

皿号	发酵时间	稀释倍数	样品稀释液抑菌圈直径/mm	平均值/mm	校正值/mm	效价/(U/mL)	发酵液效价/(U/mL)	1 U/mL 标准青霉素抑菌圈直径/mm	平均值	校正数
1										
2										
3										
4										
5										
6										
7										
8										
9										
10										
11										
12										
13										
14										
15										
16										
17										
18										
19										
20										
21										
22										

年______月______日______

实验 39 小型自控发酵罐的使用和主要生化指标检测

【实验目的】

1. 掌握自控发酵罐的构造、原理及操作程序。

2. 学习在实验室内大规模培养微生物细胞的方法。

3. 了解 *E. coli* 的发酵过程。

【实验原理】

发酵罐是进行液体发酵的特殊设备，生产上使用的发酵罐容积大，均用钢板或不锈钢板制成，供实验室使用的小型发酵罐。发酵罐配备有控制器和各种电极，可以自动地调控试验所需要的培养条件，是微生物学、遗传工程、医药工业等科学研究所必需的设备。

当我们得到一个有价值的工业用生产菌之后，为了更接近于工业生产的实际情况，应在实验室规模利用小型发酵罐进行微生物扩大培养和目的产物生成量的试验，以期掌握该生产菌的发酵调控规律，尽快地应用于工业生产。目前实验室用的自控发酵罐体积在 1～150 L 之间，它们基本上由两部分组成。

1. 发酵系统的控制器

它主要是对发酵过程中的各种参数如温度、pH、溶解氧、搅拌速度、空气流速和泡沫水平等进行设定、显示、记录以及对这些参数进行反馈调节控制。

2. 小型发酵罐

它主要由六个部分组成。

（1）罐体　一般为一个圆柱形的玻璃或不锈钢筒，高度和直径比一般在（1.5～2）∶1 之间。顶盖上有 9 个孔口（图 39－1），分别是加料及接种口、放置温度计口、补料口、放置 DO（溶解氧）电极口、放置温度电极口、放置 pH 电极口、放置消泡电极口、放置取样管口、放置搅拌器及冷凝管口。

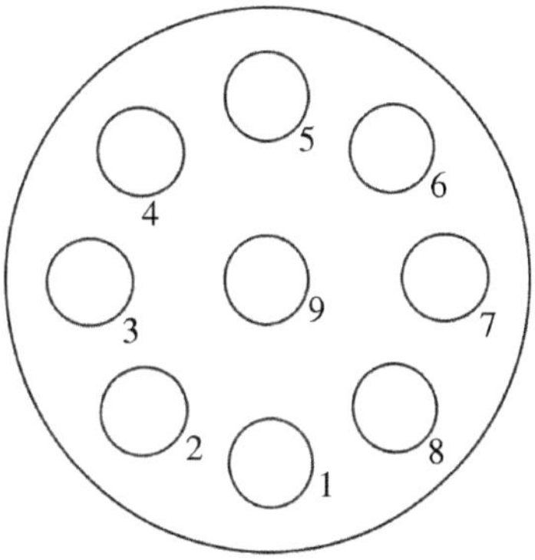

图 39－1　发酵罐顶盖，示各孔口

1. 加料及接种口；2. 放置温度计口；3. 补料口；4. 放置 DO（溶解氧）电极口；5. 放置温度电极口；6. 放置 pH 电极口；7. 放置消泡电极口；8. 放置取样管口；9. 放置搅拌器及冷凝管口

（2）搅拌系统　由驱动马达、搅拌轴和涡轮式搅拌器组成，主要用于气-液和液-固混合以及质量和热量的传递，特别是对氧的溶解具有重要意义，因为它可以增加气-液间的湍动，增加气-液接触面积及延长气-液接触时间。

（3）传热装置　用来带走由生物氧化及机械搅拌所产生的热量，以保持菌种发酵在适宜的温度下进行。

（4）通气系统　主要由空气压缩器、油水分离器、孔径在 0.2 μm 左右的微孔过滤片和空气分布器组成，用来提供好氧性微生物发酵过程中所需要的氧。为了减少发酵液的挥发和防止菌种发散到环境中，还在空气出口处安装了冷凝器和微孔过滤片。

(5) 消泡系统　发酵液中含有大量蛋白质,在强烈的搅拌下将产生大量的泡沫,严重的泡沫将导致发酵液的外溢和增加染菌的机会,须用加入消泡剂的方法消去泡沫。

(6) 各种参数检测器　包括 pH 电极、溶氧电极、温度传感器、泡沫传感器,以使微生物在最适环境条件下进行生长和分泌产物。

各厂家生产的发酵罐会有所差别,但基本原理是相同的,基本结构是类似的。本实验利用瑞士比欧公司制造的 KLF2000 - 3.7 L 全自动发酵罐进行 *E. coli* 菌体的培养。

E. coli 是遗传工程研究过程中常用的受体菌种。本实验学习用 *E. coli* 在小型发酵罐内进行发酵的方法。通过控制合适的培养条件,可使 *E. coli* 迅速持续地生长,获得所要求的高产培养物。

为了解发酵过程中培养菌的生长及对培养基的利用情况,需在发酵过程中定时地取样测定,包括对菌体进行镜检并测定不同时期发酵液的细菌浊度、残留的还原糖及氨基氮等变化。

【实验材料与用品】

1. 菌种和培养基

E.coli,LB 液体培养基、肉膏蛋白胨培养基、M9 培养基。

2. 试剂

泡敌、氨水、牛肉膏、蛋白陈、葡萄糖等;裴林试剂甲液、裴林试剂乙液、0.1%标准葡萄糖液;0.05%溴麝香草酚蓝溶液、0.5%酚酞溶液、标准 0.1 mol/L NaOH 溶液、中性甲醛溶液(配制方法见附录 3)。

3. 仪器及设备

KLF2000 - 3.7 L 发酵罐及其附属设备、旋转式摇床、分光光度计等。

【实验步骤】

本发酵采用下列工艺路线:

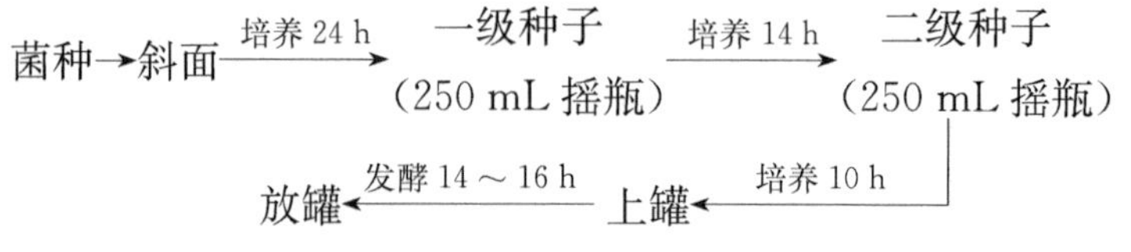

1. 菌种准备

(1) 配制培养基及培养菌种

1) 配制牛肉膏蛋白胨固体培养基 100 mL,分装试管,灭菌后摆成斜面。

2）配制 LB 培养液 300 mL，分装 50 mL 于一个 250 mL 锥形瓶（作一级种子瓶）中，余下 250 mL 平均分装于两个 500 mL 锥形瓶（作二级种子瓶）中，灭菌。

（2）接种与培养

1）上罐前两天从冰箱中取出菌种转接斜面，培养 24 h。

2）上罐前一天由斜面菌种转接一级种子瓶，振荡培养 14 h，然后转接二级种子瓶，将此培养液置于培养器中培养，转速 150 r/min，温度 37℃，培养 10 h 左右。

2. 上罐前的准备

1）洗净发酵罐及各连接胶管。

2）配制 M9 培养基 2 500 mL，置发酵罐内。

3）校正 pH 电极和 DO 电极。

4）在 500 mL 锥形瓶装 150 mL 蒸馏水，灭菌。

5）配制牛肉膏、蛋白胨和葡萄糖补料，消泡剂灭菌。

3. 上罐时的操作步骤

1）连接发酵罐与各电极导线。

2）接通控制器、参数输入及显示装置、电极校正装置。

3）按控制器、参数输入与显示装置上的 AUTO 键，使发酵罐处在自动控制状态。

4）连接压缩空气管路，接通空气压缩机电源，调节贮气罐出气口压力为 0.5～1.0 MPa，调节空气流量计旋钮，使浮子悬浮在 2.5～3.0 处，通入压缩空气。

5）调节搅拌转速为 300 r/min。

6）连接冷却水管路，打开自来水龙头，通入冷却水。

7）输入各控制参数，本机能自动控制发酵过程中的温度、pH 及显示 DO 值。控制参数的输入是通过参数输入及显示装置进行的（控制参数的输入方法详见本型号罐说明书）。

8）将酒精棉或酒精置接种口周围，点燃，进行无菌接种，接入 250 mL 二级种子。密封接种口。接种后立即进行第一次取样，在分光光度计上测定细菌浊度（OD）值。

9）在搅拌转速 300 r/min 和空气流量在 2.8 L/min 下校正 DO 至 100%。

10）在 150 mL 无菌水中加入氨水 150 mL，用无菌硅胶管连接至补料口，并通过酸碱泵，用作调节发酵过程中培养液的 pH。

4. 发酵过程各生理指标的测定

发酵过程中，虽然能自动控制温度和 pH 两个重要条件，但仍需专人负责照看。

1）经常注意发酵罐运转是否正常，检查各控制参数是否在合适的范围内。遇有故障及时排除。

2) 每小时取样测定细菌光密度值，进行革兰氏染色及镜检，以了解菌生长情况及检查是否有杂菌污染。

3) 随着培养时间的延长，适当地调节进气量和搅拌转速，以维持一定的DO值。

4) 定时取样用裴林快速定糖法测定培养液中还原糖的含量。

a. 发酵液中糖含量小于4%时，直接取发酵液0.5 mL于锥形瓶中。若糖含量大于4%时，先稀释10倍后，取稀释液0.5 mL于锥形瓶中。

b. 向锥形瓶中加入裴林试剂甲液和乙液各5 mL，混匀，加热至沸腾。

c. 用0.1%标准葡萄糖液滴定至蓝色消失，记录消耗葡萄糖的体积数(V)。

d. 取0.5 mL蒸馏水于锥形瓶中，同法进行滴定，记录消耗葡萄糖的体积数(V_0)。

e. 按下式进行计算：

$$\text{葡萄糖}\% = \frac{(V_0 - V) \times 0.1}{0.5} \times \text{稀释倍数}$$

式中，V_0为葡萄糖滴定空白时消耗的毫升数；V为葡萄糖滴定样品时消耗的毫升数。

5) 定时取样测定发酵液中氨基氮的含量。

a. 取发酵液经3 500 r/min离心10 min。

b. 分别吸取上清液2.0 mL于两个磨口具塞锥形瓶中，各加蒸馏水5 mL；向另一磨口具塞锥形瓶中加入7 mL蒸馏水。作空白对照。

c. 向上述3个瓶各加中性甲醛溶液5.0 mL，混匀，加0.5%溴麝香草酚蓝溶液2滴和0.5%酚酞溶液4滴。

d. 用标准0.100 mol/L NaOH溶液滴定至紫色，分别记录消耗的NaOH液毫升数。

e. 按下式计算：

$$\text{氨基氮的含量} = \frac{(V - V_0) \times 1.400\,8}{2}$$

式中，V为滴定发酵液时消耗NaOH溶液的毫升数；V_0为滴定空白时消耗NaOH溶液的毫升数；1.400 8为1 mL 0.1 mol/L NaOH溶液相当的氮毫克数；氨基氮的含量是每毫升中的含量。

6) 当发酵到一定时候，光密度值达到1～1.5，发酵液中还原糖和氨基氮含量较低时，开始补料，并在发酵结束前一小时终止。

7) 每小时记录发酵过程温度、pH和DO的测定数值，并记录操作情况。

5. 放罐

经过发酵约14 h后菌量增长(OD值)缓慢时，便可放罐。发酵液经离心后收集菌体作进一步处理用。

6. 清洗

1）放罐后，向发酵罐内加入约 2 500 mL 蒸馏水。

2）把各电极、取样管等插入发酵罐内，固定，盖上电极帽。连同其他接触过大肠杆菌的容器和物品，置高压蒸汽灭菌锅中灭菌。

3）灭菌后清洗干净，按要求存放。

【注意事项】

1. 各电极在调试、安装过程中要极细心，防止电极头损坏。
2. 在接种、取样等各个操作时要细心，以防止杂菌的污染。

【思考题】

1. 发酵过程中所需的无菌空气是如何获得的？
2. 发酵过程中搅拌的作用是什么？
3. 在发酵过程中调节溶氧的方法有哪些？
4. 为什么在 *E. coli* 培养过程中，pH 上升发酵就结束了？

实验 40　免疫血清的制备

【实验目的】

了解动物免疫方法，学习抗原与抗体的制备。

【实验原理】

用人工的方法将微生物或其某种成分与产物注入机体，就可能刺激机体产生相应的抗体。凡是注入机体内能够刺激抗体形成，并与该抗体产生明显反应的物质，称为抗原。在机体内产生与该抗原产生特异性反应的物质称为抗体。由于抗原与抗体反应有非常高的专一性，因而被广泛应用于多种疾病的诊断，细菌、病毒与动、植物的分类及其成分鉴定等。本实验以苏云金杆菌分类研究的血清学方法为例，介绍实验的步骤和方法。

【实验材料与用品】

1. 菌种和实验动物

苏云金芽孢杆菌库斯塔克亚种（*Bacillus thuringiensis* subsp. *kurstaki*）H_{3a3b}、健康雄性家兔（体重 2.5～3.5 kg）。

2. 试剂

0.3%甲醛盐水（用生理盐水配）、0.85% 生理盐水、5% 叠氮钠、0.5%石炭酸生理盐水。

3. 仪器与用品

乙醇棉花、碘酒棉花、消毒干棉花、灭菌吸管、毛细滴管、小试管、大试管与离心管、2 mL和 20 mL 注射器、9 号与 7 号针头、灭菌细口瓶、离心机等。

【实验步骤】

1. 抗原的制备

(1) H 抗原的制备　将苏云金杆菌接种于半固体斜面培养基上活化 2～3 代,随即接种到盛有50 mL肉汤培养液的 250 mL 三角瓶中,8 层纱布包口后置摇床上,30℃振荡培养5～8 h。经显微镜检查细胞正常、运动活跃,便立即离心收集菌体,沉降的菌体悬浮于0.3%甲醛盐水中,使菌体浓度为 5×10^8 细胞/mL,放冰箱保存备用。

(2) O 抗原的制备　将离心沉降的菌体悬浮于少量的 0.5% 石炭酸生理盐水中,再加等量的无水酒精混合置冰箱过夜,然后用生理盐水稀释成 5×10^8 个细菌/mL,放冰箱备用。

2. 免疫血清的制备

(1) 动物的免疫方法　选择 2.5 kg 左右的健康家兔,将其放在家兔固定箱内或请助手将兔按住在桌上不动,一手轻扶耳根,然后在耳外侧边缘静脉处,先用碘酒棉花,后用乙醇棉花涂擦消毒,并使静脉扩张。用经煮沸消毒(每次煮 10～15 min)的注射器及 7 号针吸取菌液,沿耳静脉平行方向刺入静脉。若针头确在静脉内,注入材料时容易推进,同时可观察到血管颜色变白。若不易推进,而且局部有隆起时,则表示针头不在血管中,应重新注射。注射完毕在拔出针头前,先用棉球按住注射处,然后拔出针头,并继续压迫片刻,以防止血流溢出。注射剂量与日程如表 40－1。

表 40－1　抗体制备的日程表

注射日期	菌液	注射剂量/mL	注射途径
第 1 日	死菌	0.3	静脉
第 3 日	死菌	0.5	静脉
第 6 日	死菌	1.0	静脉
第 9 日	死菌	1.5	静脉
第 12 日	死菌	2.0	静脉
第 19、22 日	采血少量(1 mL)分离出血清,如凝集效价达 1∶2 000 以上则停止动物进食,以无菌手续大量采血		

耳静脉注射是每隔 2～3 d 注射菌液一次,共 5 次,末次注射后 7～10 d 采血,如凝集效价达 1∶2 000 以上则停止动物进食,以无菌手续大量采血。

（2）采血与分离血清

1）颈动脉放血法：将兔子仰卧固定其四肢，颈部剪毛消毒，在前颈部皮肤纵切开10 cm左右，用止血钳将皮分开夹住，剥离皮下组织后露出肌层，用刀柄加以分离即可见搏动的颈动脉。将颈动脉与迷走神经剥离长约 5 cm，用止血钳夹住血管壁周围的筋膜，远心端用丝线结扎，近端用动脉钳夹住。然后用酒精棉球消毒血管周围的皮肉，用无菌剪刀剪一“V”形缺口（约为血管断面的 1/2，切不可将血管全部剪断）。取长15 cm直径 1.6 mm 的塑料管，将一端剪成针头样斜面并插入颈动脉中，用丝线将此管结扎固定动脉上，另一端放入无菌试管或无菌茄子瓶中，然后松开动脉夹，血液即流入瓶中，直至动物死亡，无血液流出为止。一般 2 500 g 家兔可放血 80～120 mL。

2）以无菌的滴管吸取血清置无菌离心管中，离心沉淀除去红细胞，取上清液置无菌试管中，此即免疫血清，测其效价。

3）在分离所得血清中徐徐加入 5% 叠氮钠防腐，使其最后浓度为 0.05%～0.1%。分装血清于试管或安瓿瓶中，并标明血清名称，凝集效价及制备日期，保存于冰箱中备用。

【实验报告】

1. 简述免疫血清的制备过程。
2. 简述制备抗血清时为何要多次注射抗原。
3. 简述制备 O 抗原时为何要加入酒精。

实验 41　凝集反应

【实验目的】

1. 了解凝集反应的原理及操作方法，并能初步判断凝集反应的结果。
2. 学会利用血清稀释法测定免疫血清的效价。

【实验原理】

凝集反应是颗粒抗原或表面覆盖抗原的颗粒状物质（如聚苯乙烯乳胶等），与相应抗体在电解质存在下的成团作用而引起。凝集反应常用的方法有玻片法与试管法。利用已知抗血清可以鉴定未知细菌。因此，此法可用于诊断许多传染病的病原，进行细菌的抗原分析、鉴定及分型，也可应用已知细菌检查未知血清的抗体。

【实验材料与用品】

1. 抗原和抗体

苏云金芽孢杆菌 H 抗原、苏云金芽孢杆菌 O 抗原（制备方法见实验 40）、苏云金芽孢杆菌免疫血清。

2. 试剂与用品

生理盐水、载片、小试管、试管架、移液管(1 mL、5 mL)、水浴锅、无菌滴管。

【实验步骤】

1. 玻片凝集反应

此法只能进行定性测定,用已知的免疫血清检查未知细菌。

1) 取洁净干燥的载片,用蜡笔划分为两区,一端注明“试验”,一端注明“对照”。

2) 用滴管吸取生理盐水,滴2滴于对照端;用滴管吸取苏云金芽孢杆菌免疫血清,滴2滴于试验端(测H抗原时,免疫血清须先用O抗原吸附中和后才能使用。)

3) 两端分别滴加苏云金芽孢杆菌培养物。

4) 将玻片略微反复摆动后静置于50℃恒温水浴表面上保湿5~10 min,以加快抗原和抗体的反应。待5 min后可观察到一端有凝集反应,出现凝集小块则为阳性结果;另一端为生理盐水与抗原的混合物作为对照。如肉眼不易观察清楚,可将玻片置低倍镜下检查凝集块。

2. 试管凝集反应

此法为免疫血清定量测定效价法。

1) 取清洁干燥的小试管10支,排列于试管架上。

2) 用移液管按表41-1分别加入生理盐水0.5 mL于各试管中。

3) 取免疫血清0.5 mL加入另一试管,并加4.5 mL生理盐水混合,制成稀释1∶10的免疫血清。

4) 用移液管吸取稀释成1∶10的免疫血清0.5 mL,注入第一管,并吸吹三次混匀;然后由第一管中吸取0.5 mL注入第二管,再吹吸三次混匀;吸出0.5 mL注入第三管……如此类推到第九管为止。从第九管吸出0.5 mL弃去,第十管不加血清,以作对照。

5) 在每管中加入0.5 mL经处理的苏云金芽孢杆菌菌悬液作为抗原,摇匀,并置45℃水浴中2 h后,初步观察结果,转置冰箱,次日再观察结果(表41-1)。观察结果时勿摇动试管。

表41-1 血清凝集反应记录

	试管									
	1	2	3	4	5	6	7	8	9	10
生理盐水/mL	0.5	0.5	0.5	0.5	0.5	0.5	0.5	0.5	0.5	0.5
加1∶10血清(稀释)注入第一管血清的稀释度	0.5	0.5	0.5	0.5	0.5	0.5	0.5	0.5	0.5	—

续 表

	试管									
	1	2	3	4	5	6	7	8	9	10
细菌悬液/mL	1∶20	1∶40	1∶80	1∶160	1∶320	1∶640	1∶1 280	1∶2 560	1∶5 120	0
最后血清稀释度	0.5	0.5	0.5	0.5	0.5	0.5	0.5	0.5	0.5	0.5
结果	1∶40	1∶80	1∶160	1∶320	1∶640	1∶1 280	1∶2 560	1∶5 120	1∶10 240	0

【实验报告】

1. 记录玻片凝集反应试验结果于表41-2中。

表41-2 玻片凝集反应试验结果

项目	对照区，即生理盐水+菌体	试验区，即血清+菌体
H(O)抗原阳性		
H(O)抗原阴性		

2. 记录各试管凝集反应的结果于表41-3中。

表41-3 试管凝集反应试验结果

项目	血清稀释度									对照	效价
	1∶40	1∶80	1∶160	1∶320	1∶640	1∶1 280	1∶2 560	1∶5 120	1∶10 240		
凝集反应强弱											

3. 简述影响凝集反应的因素有哪些。

第三部分

研究性实验

【目标定位】

根据实验教学重点、难点,结合学生的认知规律,充分利用现有的实验室条件,为学生提供一种通过设计实验,熟悉实验设计方法、实验设计原则。在已达到的基本微生物学理论知识和实验技能水平上,自己确立研究题目,设计一项课题。实验结束后写出论文,召开论文答辩会,实验小组成员参加答辩,以提高学生的实验技能和科研素养。

【设计思想】

良好的实验环境,创设科研情景,优化实验空间。尽可能突出并支持学生的主体地位,促使他们积极主动地参与实验活动的全过程。针对学生在实验中出现的新问题,有目的地提供不同的学术思想,指导学生养成良好的实验科学素养。

【教学内容】

指导学生阅读有关资料,制定实验技术路线、确定研究方法和研究手段,做开题报告,制定实验指标。组织实验小组实施实验、撰写论文、召开答辩会。

实验 42　检测发酵和食品工业用水的微生物数量

【设计思想】

从微生物学的角度来看,这些检测主要是一些方法学问题,涉及取样、培养、计数、培养基和培养条件以及数据处理等方面。为了相互比较,在很大程度上还取决于各单位使用的方法与操作上的一致。

从卫生指标来看,发酵和食品工业用水的微生物数量主要考虑的是细菌,特别是病原菌的数量。从防疫的角度出发,在正常情况下主要涉及用水中细菌总数的测定和大肠杆菌数量的测定。有人研究成人粪便中的 *E.coli* 菌群的数量,发现每克粪便含有 $10^8 \sim 10^9$ 个 *E.coli* 菌群。若水中发现有 *E.coli* 菌群,即可证明已为粪便污染。虽然 *E.coli* 菌群在人及动物肠道内生存,一般无致病性,但有粪便污染也就有可能有肠道病原菌存在。根据这个理由,就可以认为这种含有 *E.coli* 的水供饮用或酿造是不安全的。

水的卫生学检验中最常用的指标是细菌总数和 *E.coli* 菌群。细菌总数是指每克或每毫升食品或水样中,经过处理在一定条件下培养后所得细菌菌落的总数,也可称菌落总数。细菌总数主要用于判断试样被污染的程度。在实际工作中,一般只用一种常用方法测定细菌总数,测定结果仅反映一群能在营养琼脂上生长,

37℃普通培养箱中培养 24 h 后的细菌菌落的总数。*E.coli* 菌群是指一大群在 37℃经 24 h 培养后能发酵乳糖产酸产气、需氧或兼性厌氧的革兰氏阴性无芽孢杆菌。*E.coli* 菌群数也称 *E.coli* 指数，是指每 100 mL(g)水(食品)中 *E.coli* 菌群的最近似值。检查 *E.coli* 菌群数，一方面能表明样品有无污染，另一方面可判定试样的污染程度。*E.coli* 菌群数的测定是以不同稀释度的样品定量接种乳糖发酵管各数管，按照乳糖发酵产酸产气并确证为 *E.coli* 菌群的阳性管数，查检索表求出 *E.coli* 菌群的最近似值。

【目标定位】

1. 通过本设计实验确定一定环境中微生物的分布情况。
2. 掌握并熟练运用鉴定和计数一定环境中微生物的基本研究方法。

实验 43　微生物技术在食品保鲜中的应用

【设计思想】

"消毒"在英语中为"disinfection"，意即去除感染，也就是指杀灭引起感染的微生物。在治疗学与卫生学中，"消毒"指的是"杀灭病原微生物"；在工业微生物中，"消毒"指的是"除去杂菌，除去会引起感染的微生物"。

"灭菌"在英语中为"sterilization"，意即绝育，使失去繁殖能力。对微生物而言，失去繁殖能力就是死亡。因此，"灭菌"指的是杀死一切微生物(包括繁殖体和芽孢等)，不分病原或非病原微生物及杂菌或非杂菌。

此外，消毒一般偏指化学因素处理，灭菌一般偏指物理因素处理。消毒的结果并不一定是无菌状态，灭菌的结果则是无菌状态，灭菌和消毒是食品保鲜成败的关键。最常用的灭菌方法是高温灭菌法。因为微生物的生物功能靠蛋白质来实现，加热可以使蛋白质变性、凝固，从而引起微生物的死亡。当环境温度超过微生物的最高生长温度时，将引起微生物死亡。不同微生物的最高生长温度不同，不同生长阶段的微生物的耐热能力也不同，因而可以通过控制热处理的温度和时间进行消毒或灭菌。但高温带来了营养的损失。因此，要使一种食品的营养损失得最少又能得到较长的货架期，就必须根据具体情况选择不同的灭菌方式，不能进行高温灭菌的物品则采用其他灭菌方法。

【目标定位】

1. 通过本设计实验得到一种货架期较长、营养丰富的食品。
2. 根据具体情况，能适时地选择并熟练运用不同的消毒与灭菌操作技术。

实验 44 检测几种常见消毒剂的杀菌效果

【设计思想】

用于对传播媒介进行消毒的药物为消毒剂。消毒剂的种类繁多,作用机制各异,按其化学性质可分为含氯消毒剂、过氧化物类消毒剂、环氧乙烷、醛类消毒剂、酚类消毒剂、含碘消毒剂、醇类消毒剂、季铵盐类消毒剂、双胍类消毒剂。消毒剂的种类不同,对微生物的作用效果也不同。一些消毒剂只能杀灭细菌繁殖体,而芽孢和病毒仅受到抑制作用失去繁殖能力,经过一段时间和适当条件又可恢复繁殖能力,此为抑菌作用。但在某些条件下抑菌作用和杀菌作用是可以相互转换的,杀菌剂在低浓度时则表现为抑菌作用;而抑菌剂在高浓度时则表现为杀菌作用。

消毒剂不同于抗生素,其毒性较大,普遍应用在体外发挥作用,对各类微生物包括细菌、放线菌、真菌、病毒等均有杀灭或抑制作用。它广泛用于人体、水果、蔬菜、饮水、物品、环境和交通工具的消毒除菌,对杀灭人体、食物和环境的微生物,阻断传染病的传播具有重要作用。常用的消毒剂有过氧乙酸、含氯杀菌剂(如 84 消毒液)、过氧化氢水溶液等。传统消毒剂的缺点是没有持效性,开发高效、广谱、长效型消毒剂是今后日化产品的重要发展方向。

一个理想的消毒剂应具备如下条件:① 对自然界中的微生物有广谱的药效;② 少量即可有效;③ 有良好的配伍性;④ 溶解性、分散性优良,不影响产品的基本效能;⑤ 安全性高,对人体无毒无害,不会产生过敏,无毒副作用。实际上真正符合上述要求的消毒剂很少。本实验主要针对市售的几种常见消毒剂,通过消毒剂对微生物的杀灭试验,评估各种消毒剂的杀菌效果。

消毒剂对微生物的杀灭试验主要通过消毒剂对常见的微生物如 *E.coli*、金黄色葡萄球菌和枯草芽孢杆菌的定性和定量杀菌试验检测。定性试验用来检测某一消毒剂对常见微生物是否具有杀灭作用,通过一系列实验确定该消毒剂的最小杀菌(抑菌)浓度。消毒剂普遍缺乏时效性,所以一个消毒剂的时效性是很重要的。可能在一定的时间内对微生物具有杀灭(抑制)作用,在经过一段时间之后这种作用便消失。

在定性试验基础上,以某一消毒剂的最小杀菌(抑菌)浓度为使用浓度,采用平板菌落计数法,检测在该浓度下消毒剂对指示微生物的杀灭百分率。

【目标定位】

1. 熟悉并掌握检测消毒剂杀菌效果的实验方法。
2. 通过实验评价几种常见消毒剂的杀菌效果。

实验 45 研究牛乳在酸败过程中细菌的生态学演变

【设计思想】

刚采集的生牛乳含有少量不同的细菌，而牛乳的成分对细菌来讲是一种很好的营养基质，因此，在温暖的条件下，细菌即开始很快地繁殖。然而也不是所有的细菌都能如此，由于当时生牛乳的 pH 是中性，含有丰富的乳糖，故有利于其中自然存在的乳酸细菌如乳链球菌(*Streptococcus lactis*)很快地繁殖。它们发酵乳糖产生乳酸，使牛乳的 pH 降低，并引起蛋白质凝结成乳酪状。这种低的 pH 最终抑制了乳链球菌的繁殖，被比较能耐受低 pH 的发酵乳糖的菌种乳杆菌(*Lactobacillus*)所代替，它们完成乳糖发酵，并使 pH 更加降低。接着是酵母菌在这种低 pH 下利用乳酸而生长。随着乳糖和乳酸的消失，pH 再度上升，假单胞菌(*Pseudomonas*)和芽孢杆菌(*Bacillus*)能产生蛋白酶，开始分解凝结了的牛乳蛋白质，当蛋白质被利用完毕，牛奶的分解也就完成了。

生牛乳的这种生态学演变的自然过程是一个典型的例子。原始细菌的活动为以后的细菌创造了有利的生化条件，因而能观察到一个微生物群体接替另一微生物群体的一系列演变。这种自然演变的基本原则也能在地面环境中的高等植物和动物中实现。自然界其他微生物也会发生同样的演变过程。

【目标定位】

1. 通过本设计实验，掌握牛乳在酸败过程中细菌的生态学演变规律。
2. 理解酸牛乳的制作机制。

实验 46 微生物之间相互作用的研究

【设计思想】

微生物在自然界中是以混合的群落形式存在，生物群落中各个种群、个体之间存在各种的相互作用。有些相互作用对某一群体是有利的，而对其他群体是不利的或没有影响。正是这种正负作用使得生物群落保持生态平衡。根据参与相互作用的两个群体受到影响的程度，可以把这些相互作用分为 8 种，包括中立关系、偏利共生关系、协作关系、互惠共生关系、竞争关系、拮抗关系、捕食关系和寄生关系。

微生物相互作用的机制复杂。在正的相互作用中，一个微生物群体可以给其他微生物群体提供营养物质和生长所必需的因子，某些微生物群体在它正常生长和代谢过程中，能使其生活环境发生改变，从而为另一微生物群体创造更有利的生活环境。在负的相互作用中，比较常见的是竞争关系和拮抗关系。竞争包括对生存空间和营养物质的竞争，竞争的结果对双方或单方产生不利的影响，使微生物群体的密度下降，生长速率下降，使受影响的群体失去占据某一生态环境的能力。拮抗关系是指两个微生物群体生长在一起时，其中一个群体产生一些对另一群体有抑制作用或有毒的物质，结果造成另一个群体生长受抑制或被杀死，而产生抑制物或有毒物质的群体不受影响，或者可以获得更有利的生长条件。例如，某些微生物群体可以通过产生乳酸或类似的低分子质量有机酸、抗生素、细菌素和其他抗菌物质等，来抑制或杀死其他微生物群体。在一个复杂的自然生物群落中，不同微生物群体之间可能存在各种各样的相互关系，使得微生物群落能更有效地利用现有的资源在这一生境中存在下去。除此之外，光、温度、pH、O_2、营养物浓度和组成均会对这种相互作用产生影响。

研究微生物相互作用的方法很多，大致可分为平板法、上清液法和混合培养法。根据微生物种类、作用机制和预期目标的不同，选取不同的实验方法。平板法主要是在固体表面进行，比较全面地研究不同微生物之间的相互作用，常用的有点种法和划线法。上清液法是利用某一微生物分泌到上清液中的代谢产物，研究某一微生物对其他微生物的相互作用，常用的有纸片法、琼脂扩散法、牛津杯法。混合培养法是通过观察两个以上微生物群体在同一液体环境中的生长现象，研究微生物之间的相互作用。

【目标定位】

1. 了解微生物相互作用的机制。
2. 根据微生物相互作用的方式，选择适当的方法进行微生物相互作用的研究。

实验 47　从土壤中分离和纯化产脂肪酶的菌株并选育高产株

【设计思想】

产脂肪酶微生物广泛分布于自然界，这是我们对其进行开发利用的基本条件。微生物酶的全程研发包括基本的 4 个流程。

1. 样品的采集

采样的目的决定采样地点的选择、采样方法及采样的数量。一般而言，存在目的酶作用底物或潜在作用底物的场所是首选的采样地。例如，为了获得产纤维素酶的目的菌，就可以到垃圾填埋场或长期堆放纤维材料的地方，甚至食草动物的消化道中采样；为了分离能生成脱卤酶的目的菌，一般应到盐碱环境中去采样。以上原则并不是绝对的。微生物具有很强的适应能力，因而也能从一些看似并不相关的环境中获得目的酶生成菌。同理，将一些"不相干"的样品采集回来以后，通过用某种营养物质富集培养也可以从中将某种酶产生菌分离出来。采样的另外一个原则就是到特殊或极端环境中采集样品。在这些环境中，由于生存条件比较苛刻，能生存下来的微生物一般具有不同寻常的生存机制。因此，从这些微生物中往往能获得新酶或具有特殊稳定性的酶种。

2. 菌种的分离

菌种的分离是整个工作的第一个关键步骤。分离应注意以下几个问题：① 分离培养基的确定；② 分离培养条件的选择，如培养温度、湿度、好氧或厌氧培养等；③ 在分离的最初阶段一般不给予严密的培养条件，尽可能分离到尽可能多的纯菌种。在这种情况下，在菌种的分离阶段可以选用广泛的分离培养基(各种分离培养基中还应针对性地加入目的酶产生菌的作用底物)。分离对象可包括细菌、真菌、酵母菌及放线菌等，并且分离条件也应做到多样化，比如吸取的土样稀释液量的控制、不同的培养温度选择等。分离到的单菌落应立即转移到分离成分一致的新鲜斜面上，等获得纯培养之后就可着手进行初筛。

3. 菌种的初筛

菌种的初筛有两种方法：① 用简单的定性反应进行初筛；② 在最初分离阶段就给予特殊的培养基或培养条件，进而让目的菌株得以繁殖，尽可能地把只成为目的菌的菌株或只将其最适菌株的一株纯化分离。总之，初筛的目的就是要用最简单和最快捷的方法来对大量的待筛菌进行测试。

4. 目的酶产生菌高产突变体的获得

高产突变菌种有着十分重要的意义。首先，高产突变株常常能够比亲株产生高出很多倍数量的酶。在另外一些情况下，突变株能够产生比较少的不需要的酶或其他代谢产物，因而有利于酶的回收和提纯。获得高产突变株的方法有以下一些：采用物理和化学因子来处理微生物，并使其发生变异。常用的化学诱变剂有氮芥子气、亚硝酸、硫酸二乙酯、环氧乙烷、乙烯亚胺等。物理因子有：紫外线、X射线、γ射线等。另外，还有其他的一些方法。

【目标定位】

1. 通过本设计实验得到一株或几株脂肪酶产生菌，并获得几株产量较高的脂肪酶突变菌。

2. 掌握特定酶生产菌的分离纯化和高产突变株的基本操作技术。

实验48 微生物酶制剂的合成受多水平调控

【设计思想】

在大规模培养微生物产生酶时,通常应注意3点。

1. 菌株

在大规模培养微生物产生酶时,对于使用菌种要全面考虑。一般而言,大部分微生物都在培养后期产生酶,因此在产生高活力酶的同时,酶的稳定性很重要,或者说要筛选对酶分解能力差的菌株为生产菌,同时要明确菌种来源、保存条件和保存周期等。

2. 培养基

在大规模培养时,培养基原料廉价是很重要的。如生产的是诱导酶,作为培养基而言,重要的是寻找廉价的诱导剂,解决此问题就可以大规模培养生产菌。此外,在培养基中残存的诱导剂将成为酶的不稳定因子。

3. 培养条件

在霉菌的大规模培养时,菌丝体成为浆状还是成为无数的小球状,对菌体的生长及产物的生成影响极大。一般而言,含有固形物的培养基、菌丝体成为浆状,而澄清的培养基都易于结成菌丝体小球,但也随培养容器和培养条件而发生变化。

在大规模培养时,受一级种的状况影响很大,因此,决定种子培养条件是重要的。例如,从斜面移植到三角烧瓶时,三角瓶的形状、容量、摇床的转速等都明显地影响菌丝的性状。

此外,微生物发酵从小试到大规模培养的培养条件设计中,放大因子的确定是很复杂的,至今大部分依靠经验。霉菌的液体培养过程是非牛顿流体运动,其原因在于发酵液黏度较高,菌丝体可受的剪切力小,各菌种菌丝体生长状况不同。在小规模培养的放大设计中,将氧吸收速率参照为一些发酵条件确定的目标,与此同时也从黏度、溶氧、菌体量等的测定值确定培养条件。

总之为了酶的生产要从酶的性质、稳定性考虑外,还必须从产酶菌体的生长及产生酶的最适条件进行设计。

【目标定位】

1. 通过本设计实验,掌握目的产物生产菌的发酵调控规律。
2. 掌握小型自控发酵罐的操作及其应用。

实验 49 研究青霉素发酵过程中糖的变化

【设计思想】

糖是微生物生命活动中的碳源，也是主要的能源。糖代谢与菌体生长、产物积累紧密相关。所以在微生物发酵过程中，发酵液内糖的消耗情况是一项重要的生理指标，也是掌握发酵进程的重要依据之一。

糖的定量测定方法很多，如斐林氏法、碘量法、蒽酮法、3，5 -二硝基水杨酸法等，各有优缺点。

【目标定位】

1. 获得青霉素发酵过程中碳源的变化规律。
2. 掌握一种测定糖的分析方法。

实验 50 统计超市内的微生物发酵食品种类并研制其中的一种

【设计思想】

微生物技术在食品工业中的应用这是生物技术最早开发应用的领域，其中包括传统的含醇饮料、调味品、乳制品等，至今其产量和产值还占生物技术的首位。

含醇饮料以果汁、米、麦、高粱、玉米、土豆等为主要原料酿造或经加工的，有葡萄酒、果酒、黄酒、白酒、啤酒、白兰地、威士忌、伏特加、金酒、香槟酒、朗姆酒等。传统调味品及发酵食品以豆类、米、麦等生产的酱、酱油、醋、豆豉、豆腐乳、饴糖、泡菜等。发酵乳制品包括奶酒、干酪、酸奶等。用近代发酵或酶反应技术生产的食品原料有葡萄糖、麦芽糖、果-葡萄浆、甘露醇（己六醇，一种低热值甜味剂）、脂肪等。

食品添加剂有面包酵母、味精（谷氨酸单钠）、赖氨酸、柠檬酸、红曲（色素）、甜味肽（天冬氨酸及苯丙氨酸合成的二肽比蔗糖甜 200 倍）、肌苷酸和鸟苷酸（均为增鲜剂）、右旋糖酐葡聚糖和茁霉多糖（普鲁兰多糖）（两者均为增稠剂）、葡萄糖氧化酶和异维生素 C（均为食品保鲜剂）、乳链菌肽（Nisin，食品防腐剂）、匹马霉素（Pimarcin，食品保护剂）。新型发酵饮料如活性乳酸饮料。

【目标定位】

通过本设计实验，利用所掌握的微生物学理论知识和实验技术，研制一种常见的微生物发酵食品。

实验 51　乳酸菌筛选及抑菌作用研究

【设计思想】

乳酸菌(lactic acid bacteria,LAB)是存在于人和动物肠道、食品、物料及少数临床样品中的一大类能发酵碳水化合物(主要为葡萄糖)产生大量乳酸的兼性厌氧菌。这是一群相当庞杂的细菌,主要包括乳杆菌(*Lactobacillus*)、乳球菌(*Lactococcus*)、明串珠菌(*Leuconostoc*)、片球菌(*Pediococcus*)、链球菌(*Streptococcus*)、肠球菌(*Enterococcus*)、双歧杆菌(*Bifidobacterium*)和肉食杆菌(*Carnobacterium*)等属。

许多乳酸菌除产生乳酸、乙酸和双乙酰外,还可产生多种抑菌活性物质,包括细菌素,PHA,环肽化合物等,特别是乳酸菌细菌素以其安全、高效、无毒副作用和无抗药性等优点,广泛用于食品、医药、饲料等工农业生产。如在乳制品中,乳酸链球菌素已用于干酪、巴氏灭菌干酪、巴氏灭菌奶、罐藏浓缩牛奶、高温灭菌奶、高温处理风味奶、酸奶等;在肉制品中,使用乳酸链球菌素的有罐装火腿、熏猪肉、成猪肉、香肠、真空包装的新鲜牛肉等;在啤酒中,乳酸链球菌素在低 pH、含酒花物质的环境下,活性不受影响,却能够有效地抑制啤酒中已发现的几乎所有的革兰氏阳性腐败菌,从而提高啤酒的生物稳定性。在医药应用方面,乳酸菌素具有:① 抑菌作用,用于治疗临床上因消化不良引起的腹胀、腹泻、胃肠炎等;② 改善肠道环境,能选择性杀死肠道致病菌,保护和促进有益菌的生长,调节肠黏膜电解质、水分平衡,调节胃肠道菌群平衡;③ 提高免疫力,具有免疫调节作用,增强机体的特异性与非特异性免疫能力,激活吞噬细胞酶,刺激肠道产生 IgA,增强机体的细胞免疫和体液免疫,提高肠道免疫力;④ 妇科阴道用药,含乳酸菌活菌的阴道用制剂,其代谢产物乳酸和过氧化氢等物质能保持阴道正常酸性环境,乳酸菌可直接补充阴道内正常生理细菌,调节阴道内菌群平衡,抑制并消除阴道中的有害细菌的生长,故可用于由菌群紊乱而引起的细菌性阴道病的治疗。

基于乳酸菌细菌素上述特点,已经引起广大从事乳酸菌、食品添加剂、益生素及开发新药等领域研究人员的极大兴趣,出现了研究热潮。目前的研究主要集中于新菌株和高产菌株的筛选以及对已知乳酸菌细菌素遗传因子的鉴定及结构基因的克隆和排序上。我国是一个乳酸菌资源非常丰富的国家,但对乳酸菌细菌素的研究起步较晚,除乳链菌肽(Nisin)外,对其他乳酸菌细菌素还没有进行很好的基础研究和开发应用研究,因而大力进行乳酸菌细菌素的研究尤其是生化、遗传特性及基因调控方面的研究不仅具有重要的理论意义,且具有广阔的应用前景。

乳酸菌主要从其自然生境(如各种泡菜、动物肠道、自然发酵饲料和奶制品等)中分离。分离时首先取样,稀释,涂布于乳酸菌分离培养基(BCP 培养基),培养后挑取颜色变黄特征性菌落,多次划线纯化后保存于乳酸菌筛选培养基(改良 MRS 培养基)斜面试管中,然后通过菌落培养、镜检、生理生化及分子生物学实验做鉴定,获得纯菌株。做抑菌测验时,首先要进行液体培养获得乳酸菌发酵液及指示菌菌悬液,然后选择不同的方法如纸片法、牛津杯法及打孔法等测定抑菌作用。对于抑菌物质的初步鉴定,需要先排除酸和过氧化氢的干扰,可以采用过氧化氢酶、pH 改变、碳酸钙中和等方法进行。

该实验涉及菌株的分离、纯化与鉴定、菌株发酵条件优化、抑菌作用检测、抑菌物质初步鉴定等内容,可利用所学知识灵活设计。

【目标定位】

1. 掌握乳酸菌分离纯化的方法,并筛选 1～2 株具有广谱抑菌效果的菌株。
2. 了解乳酸菌的抑菌作用。

实验 52　微生物菌肥生产与质量控制

【设计思想】

微生物菌肥是经人工培养的含有益微生物的生物肥料,又称微生物肥料。微生物菌肥是活体肥料,它的作用主要靠它含有的大量有益微生物的生命活动来完成。通过这些有益微生物在土壤里的生命活动,不仅具有固氮、解磷、解钾的功能,满足作物氮、磷、钾养分的需求,而且能抑制土壤中某些病原微生物的繁殖,防止或减轻了土传病害的发生。微生物产生的次生代谢产物中的激素类物质还能促进植物生长发育和早熟,次生代谢产物中的胞外多糖又能促进土壤团粒结构的形成,连续数年施用,能改善土壤的供养条件。只有当这些有益微生物处于旺盛的繁殖和新陈代谢的情况下,物质转化和有益代谢产物才能不断形成。因此,微生物肥料中有益微生物的种类、生命活动是否旺盛是其有效性的基础,而不像其他肥料是以氮、磷、钾等主要元素的形式和含量多少为基础。正因为微生物肥料是活制剂,所以其肥效与活菌数量、强度及周围环境条件密切相关,包括温度、水分、酸碱度、营养条件及原生活在土壤中土著微生物排斥作用都有一定影响。

微生物菌肥还有一些其他肥料没有的特殊作用,如可以提高化肥利用率;有利于绿色食品生产,能改善农产品的品质;有利于环保,利用微生物的特定功能分解发酵城市生活垃圾及农牧业废弃物而制成微生物肥料是一条经济可行的有效途径;有利于改良土壤。

微生物在农业上的作用已逐渐被人们所认识。现国际上已有70多个国家生产、应用和推广微生物肥料,我国目前也有250家企业年产数十万吨微生物肥料应用于生产。这虽与同期化肥产量和用量不能相比,但确已开始在农业生产中发挥作用,取得了一定的经济效益和社会效应,已初步形成正规工业化生产模式。随着研究的深入和应用的需要新品种的开发正不断扩大,微生物肥料现已形成以下趋势:① 由豆科作物接种剂向非豆科作物肥料转化;② 由单一接种剂向复合生物肥转化;③ 由单一菌种向复合菌种转化;④ 由单一功能向多功能转化;⑤ 由用无芽孢菌种生产向用有芽孢菌种生产转化等。不仅如此,近20年来,许多国家更认识到微生物肥料作为活的微生物制剂,其有益微生物的数量和生命活动旺盛与否是质量和应用效果好坏的关键。微生物菌肥生产主要包括如下过程:选育优质菌种,探索和优化培养条件,研究最佳工艺条件,寻找最佳质量检测控制方法。

【目标定位】

1. 通过本设计实验,利用所掌握的微生物学理论知识和实验技术,能筛选到1~2种用于菌肥生产的菌株。
2. 能生产至少一种微生物菌肥。
3. 掌握一种质量检测控制方法。

实验53 Nisin产生菌的筛选、鉴定及其应用

【设计思路】

食品安全是全世界共同关注的问题,而食品防腐保鲜则是食品安全的一个关键问题。过去人们常常利用加入化学防腐剂的方法来延长食品的保藏期,但化学防腐剂的添加过量或滥用可对人体健康和生态环境产生不利的影响。随着人们生活水平的提高,健康食品、绿色食品越来越受到欢迎。利用安全高效生物源防腐剂代替化学防腐剂已成为一种趋势。

乳链菌肽(Nisin)是由乳酸乳球菌(*Lactococcus lactis*)某些菌株产生的一种小分子多肽物质,它对许多革兰氏阳性菌,包括金黄色葡萄球菌、溶血链球菌、肉毒梭菌、嗜热脂肪芽孢杆菌、李斯特菌等食物腐败菌和病原菌有强烈的抑杀作用。同时,它可被人体消化道酶消化,因此成为一种安全、高效、无毒的天然食品防腐剂,自1969年开始被联合国粮食与农业组织(FAO)和世界卫生组织(WHO)批准作为食品添加剂以来,Nisin已在80多个国家和地区得到广泛应用,已成为目前世界上应用量最大和应用范围最广的食品生物保鲜剂,具有巨大的发展潜力和广泛的

应用前景。

本实验拟从鲜奶或乳制品、泡菜等发酵产品中取样，采用选择培养基分离 Nisin 产生菌，并选用黄色微球菌（*Micrococcus flavus*）或金黄色葡萄球菌（*Staphylococcus aureus*）作为指示菌，使用琼脂扩散法（打孔法、滤纸片法、牛津杯法等）进行抑菌试验，经进一步筛选得到高产 Nisin 的优良菌株；根据形态学特征、生理生化指标以及 16S rDNA 等分子生物学特点，对菌株进行鉴定；对 Nisin 高产菌株在发酵乳制品或其他发酵食品中的应用进行初步探索。

【目标定位】

1. 通过本设计实验得到一株或几株产量较高的 Nisin 产生菌。

2. 本设计实验是将食品科学与生物科学知识相互渗透、有效结合。学生可自愿组成研究小组，自行查阅文献，设计实验方案。在实施和完成实验方案过程中，培养学生观察思考、分析问题和解决问题的能力，增强创新意识，提高团队协作精神。

实验 54 酚降解菌的分离、纯化及高效菌株的选育

【设计思想】

含酚废水是当今世界上危害大、污染范围广的工业废水之一，是环境中水污染的重要来源。在许多工业领域诸如煤气、焦化、炼油、冶金、机械制造、玻璃、石油化工、木材纤维、化学有机合成工业、塑料、医药、农药、油漆等工业排出的废水中均含有酚。这些废水若不经过处理，直接排放、灌溉农田则可污染大气、水、土壤和食品。

现阶段治理含苯酚等酚类化合物的废水方法主要有以下几大类，一类是通过物理或物化方法处理，如萃取法、吸附法、超声-过氧化氢氧化法、超临界水氧化法、高压脉冲法等。前两者操作简便，但成本较高，用于生产上不经济；后几种方法属于当前的研究热点，但成本高，处理规模小，基本上还处于实验室研究阶段。另一类就是生物处理方法，通常用的是传统的活性污泥法。活性污泥是一种以活性污泥为主体的废水处理方法。该法目前已成为钢铁、焦化、煤气、炼油、木柴防腐、合成橡胶、燃料等工业废水治理的主要方法，该方法具有设备简单，处理条件温和，处理效果好，受气候条件影响小，二次污染小等优点。微生物作为活性污泥的主体，是有毒物质分解转化的主要执行者。微生物处理法从自然界中筛选分离出能够降解特定污染物的高效菌种，研究探讨其降解特性，通过生物固化技术，有针对性地加到已有的污水处理系统中，在有毒污染物治理中显示出巨大的潜力。

【目标定位】

1. 通过本设计实验得到一株或几株酚降解菌,并获得几株高效降解菌株。

2. 掌握能够降解特定污染物菌株的分离纯化和高效菌株的选育操作技术。

实验 55 果酒酵母的分离、纯化及选育

【设计思想】

果酒是利用新鲜水果为原料,在保存水果原有营养成分的情况下,利用自然发酵或人工添加酵母菌来分解糖分而制造出的具有保健、营养型酒。果酒富含多种氨基酸、维生素及矿物质等营养成分,还含有丰富的生理活性物质,经常适量饮用具有一定的保健作用。酵母品种是酿造果酒的关键因素之一,酵母性状的好坏直接影响到所酿果酒的口感和风味,决定果酒品质的优劣。果酒酵母包括醇酿酒酵母和非酿酒酵母,前者的应用提高了果酒酿造的生产效率,后者的应用则对果酒的总体风味产生积极的影响。优良纯种酵母应具备下列性能:① 除酿酒水果本身的果香外,酵母也应产生良好的果香与酒香。② 生长速度快,有较高的发酵能力,能将糖分全部发酵完。③ 具有较高的抗 SO_2 能力,有较好的凝集力和较快的沉降速度。④ 培养基成分简单,来源广泛,价格低廉,对温度、pH、离子强度、溶氧等环境因素不敏感。⑤ 能在低温或果酒适宜温度下发酵,以保持果香和新鲜清爽的口味。

由此可见,酵母的品质对果酒的产量和质量影响很大。要获得优良的酿酒酵母,必须对其进行分离选育。果酒酵母的筛选应从相应的果品及其种植环境中采样分离,如成熟果实的表皮、自然腐烂发酵的果肉或果汁和果园的土壤等相关场所。

【目标定位】

1. 掌握果酒酵母分离纯化的方法

通过设置较高的酒精浓度、添加 SO_2、调整 pH 等手段抑制不需要的微生物的生长,使希望检出的微生物得到增殖。

2. 对分离纯化得到的酵母菌进行筛选

酵母检出后,应对其的发酵性能进行考察,包括酵母的一系列生理生化特性和风味物质形成的能力等,使其适合果酒酿造。

实验 56 石油烃降解菌的分离

【设计思想】

石油作为一种重要的能源,在带给人类极大便利的同时,由于石油开采、运输、

装卸、加工和使用过程中，石油烃的溢出和排放也对生态环境和人类生存造成了无法估计的巨大危害。石油污染的治理修复已知是世界各国普遍关心的重要课题。其中微生物修复技术由于自身的优势慢慢成为石油污染修复治理中最具前景的修复治理方法。

石油烃降解菌的分离筛选是石油污染微生物修复的基础。石油烃降解菌是能将石油烃作为唯一碳源进行生物降解，并产生气体、脂肪酸以及生物表面活性剂等代谢产物的一类微生物的总称，在石油污染的生物修复中具有重要作用。

石油烃类污染物的微生物降解是一个复杂的过程，它的效率和质量取决于石油烃类污染物存在的数量及状态、周围的环境条件以及微生物群落的组成。在菌株分离筛选过程中要因地制宜，综合考虑各方面因素。

本实验应从石油污染的土壤或水中取样，经过富集分离、筛选获得目的菌株，并进一步对其进行鉴定及降解性分析等。在富集筛选过程中可以原油为底物也可以烷烃或芳烃为底物进行，获得的降解菌株要进行生长条件优化研究，因微生物在降解石油污染物的过程会受到营养元素、表面活性剂、氧通量、温度、pH 等诸多外界因素的影响。其中，营养元素对降解率的影响较大，尤其是 N、P 元素。后续也可对降解菌的降解机制进行探索研究。

【目标定位】

通过本实验设计，利用所学微生物基础理论知识和实验技能，分离获得一株或几株石油烃降解菌。

实验 57　解淀粉芽孢杆菌抗菌蛋白的研究

【设计思想】

生物农药越来越受到人们的重视，并成为当今对农产品安全研究的热点。随着对植物病害防治要求的提高，传统抗生素作为杀菌剂显现许多弊端，如容易产生耐受性或抗性菌株、有毒性等，现在人们越来越多地把注意力投入到一类新型物质上，即抗菌蛋白或抗菌肽。抗菌蛋白或抗菌肽是许多生防微生物都能分泌的一类活性物质，它具有抑制病菌的广谱性和高效性、对人畜无毒、对环境无污染的优良特性，且病菌对其不易产生抗性。因此，抗菌蛋白或抗菌肽在新型生物农药的开发中具有较好的利用价值。

解淀粉芽孢杆菌（*Bacillus amyloliquefaciens*）可产生低分子质量的抗生素以及抗菌蛋白质多肽等活性物质，具有促抑制植物病原菌和土传性病原菌的特性，无毒无害，不污染环境，而且具有广谱抗菌活性和较强的抗逆能力，生长快，稳定性较好,很适合作为生防菌大量生产和应用,是作为农用微生物较高开发价值的生防菌。

本实验对其抗菌粗蛋白的理化性质和抑菌作用进行了研究,以期为该蛋白的进一步开发利用提供科学依据。研究生防细菌抗菌蛋白的性质及其对植物病原菌的拮抗作用,一方面能充分发掘有益微生物资源,将其用于植物病害生物防治;另一方面为研究抗菌蛋白的分子遗传基础、克隆抗菌蛋白基因以及构建转基因工程菌奠定理论基础。

【目标定位】

1. 通过本实验设计,掌握解淀粉芽孢杆菌的抑菌特性和抑菌机制。
2. 初步掌握利用淀粉芽孢杆菌发酵液制备抗菌蛋白农药方法。

实验 58 生物表面活性剂的研究与应用

【设计思想】

进入 21 世纪,资源和环境问题已经引起全球性关注。人们意识到,短缺的资源、日益严重的环境污染威胁到了人类的生存。现阶段,向低碳经济转型已经成为世界经济发展的大趋势。而目前工业生产上应用的表面活性剂,都具有一定的毒副作用,并且对生物的生存存在一定的危害性,并且对资源的需求量较大,开发出一种新型的药品来补足甚至替代现有的药品已经迫在眉睫。

表面活性剂是一类重要的化工原料,素有"工业味精"之称,它在石油工业、环境工程、食品工业、精细化工等许多领域中占有重要的地位。目前,几乎所有的表面活性剂都是以石油为原料化学合成而来的。化学合成的表面活性剂在生产和使用过程中常常会带来严重的环境污染问题。生物表面活性剂是表面活性剂家族中的后起之秀,它是由微生物所产生的一类具有表面活性的生物大分子物质。与化学合成的表面活性剂相比,生物表面活性剂除具有降低表面张力、稳定乳化液和增加泡沫等相同作用外,还具有一般化学合成表面活性剂所不具备的无毒、能生物降解等优点。生物表面活性剂的这些特性尤其适合于石油工业和环境工程,如石油的生物降黏、提高原油采收率、重油污染土壤的生物修复等。另外,生物表面活性剂作为天然添加剂,在食品工业、精细化工、医药和农业等工业方面也愈来愈受到人们的青睐。通过分离产表面活性剂的菌种,扩大培养,并把最终所得表面活性剂纯化和提取出来,制成生物制剂,投放到生产实践中,切实将生物表面活性剂的环保、高效发挥出来,服务社会。随着人们环保意识的增强,生物表面活性剂将有更加广阔的应用前景，并有可能成为化学合成表面活性剂的替代品或升级换代品。

【目标定位】

1. 分离出产表面活性剂的菌株，通过诱变、分离得到产生新型的表面活性剂的菌株。

2. 至少掌握一种把最终所得表面活性剂纯化和提取出，制成生物制剂的方法，并把其投放到生产实践中。

实验 59　微生物浸沥法去除污泥中重金属

【设计思想】

我国是发展中国家，又是农业大国，污泥农用将是符合国情的选择。重金属污染是污泥农用的最大障碍，必须加以处理降低其含量，能避免通过食物链富集，危害人类健康。微生物浸沥法具有成本低，条件温和，去除率高等优点，具有应用的巨大潜力。

目前具有重金属浸沥潜力的微生物主要有硫杆菌属、嗜酸硫杆菌属和硫化叶菌属等 4 个属约十多个种。目前有多种微生物浸沥工艺被研究或开发成功，根据能源物质及所作用的微生物菌种可分为硫法和铁法两类，前者添加硫磺作为细菌生长提供能源物质，后者则以硫酸亚铁为能源。在硫工艺中，元素硫被氧化为硫酸，多数金属因污泥酸化而溶出。铁工艺则涉及直接与间接两种机制，直接机制是指难溶解的金属硫化物被氧化亚铁嗜酸硫杆菌氧化为可溶性硫酸盐；间接机制是指难溶解的金属硫化物被氧化亚铁嗜酸硫杆菌的代谢产物硫酸高铁氧化为可溶性硫酸盐，其反应产物硫酸亚铁被氧化亚铁嗜酸硫杆菌重新氧化为硫酸高铁，从而构成氧化-还原的循环系统，使污泥中重金属不断溶解出来。影响污泥重金属浸沥效率的主要因素有温度，起始 pH，通气状况，营养条件，污泥浓度及抑制物质等。

【目标定位】

1. 通过本设计实验了解通过微生物去除重金属污染的原理。

2. 掌握能够通过嗜酸亚铁硫杆菌进行微生物浸沥去除重金属的方法及工艺。

实验 60　微生物农药的研究

【设计思想】

微生物农药(microbial pesticide)是指以细菌、真菌、病毒和原生动物或经基因修饰的微生物活体为有效成分，防治病、虫、草、鼠等有害生物的生物源农药。它包括以菌治虫、以菌治菌、以菌除草等。这类农药具有选择性强，对人、畜、农作物和自然环境安全,不伤害天敌,不易产生抗性等特点。这些微生物农药包括细菌、真菌、病毒等,如苏云金杆菌、白僵菌、核多角体病毒、C 型肉毒梭菌外毒素等。随着人们对环境保护的要求越来越高,微生物农药无疑是今后农药的发展方向之一。

1. 活体微生物源生物农药

真菌可以被用作为杀虫、杀菌、除草的生物农药。目前世界上已记载的杀虫真菌约有 100 属,800 多种。半知菌亚门集中了大约 50%的杀虫真菌。其中,白僵菌是发展历史较早、普及面积大、应用最广的一种真菌杀虫剂。我国早在 20 世纪 50 年代后期就开始应用白僵菌防治食心虫、松毛虫、玉米螟等的研究。近年又分离出了绿僵菌菌株,现正利用其进行蝗虫、蛴螬的防治及推广应用。现已被成功开发并商品化生产的真菌制剂有用于防治蔬菜灰霉病的木霉菌,另外被研究得较多的有青霉、蚜霉和轮枝霉等。

细菌源活体微生物农药主要用于杀虫及杀菌等病害,目前筛选的杀虫细菌大约有 100 多种,其中被开发成产品投入实际使用的主要有 4 种,即日本金龟子芽孢杆菌、球形芽孢杆菌、缓病芽孢杆菌和苏云金芽孢杆菌(Bt)。应用最多的是苏云金芽孢杆菌(Bt)杀虫剂,同时也是目前世界上用途最广、开发时间最长、产量最大、应用最成功的一种生物杀虫剂,现已广泛用于防治农业、林业、贮粮害虫等 150 多种害虫(主要是鳞翅目害虫)。利用细菌防治植物根病、病毒病和真菌病的研究和开发取得了较大的发展。

昆虫病毒可引起 1 000 多种昆虫和螨类发病,昆虫病毒寄主范围只限于无脊椎动物,不易引起大规模的生态平衡的破坏,对环境因子具有很好的稳定性,对作物、人、家畜及水生生物等无害,因而已成为当今微生物农药研究与开发的热点。

已在世界上 11 目、43 科的 900 多种昆虫中发现 1 690 多种病毒,其中 60%为杆状病毒。目前,病毒杀虫剂已用于大量的经济作物,如苜蓿、大白菜、玉米、棉花、黄豆、烟草和番茄等,并在一定程度上获得成功,其中最突出的是应用杆状病毒防治黄豆田的黎豆夜蛾(*Velvetbean caterpillar*)。我国自 20 世纪 80 年代以来,病毒制剂的研究开发取得了突破,棉铃虫核多角体病毒和粘病毒已相继开发成功,并投入生产。另外,通过基因工程的技术改造病毒的杀虫毒性等方面研究工作也取得良好进展。

2. 微生物源生物活性物质农药

这一类生物农药中,主要是将微生物的次级代谢产物作为农用抗生素开发为农药。农用抗生素作为农药品种,其发展十分迅速,已成为微生物源农药的主体之一。农用抗生素在作物生产上的应用主要是防治作物病害、虫害、草害以及植物生长调节剂和抗病毒制剂等方面,它和化学农药的主要区别在于前者是生物合成的,后者是人工合成的产物。我国农用抗生素的研究始于 20 世纪 50 年代,以筛选杀菌抗生素和植物生长调节剂为代表;60 年代研制成功了放线菌酮和灭瘟素,并成功投入工业生产;70 年代研制成功了春日霉素、庆丰霉素、井冈霉素、多抗霉素;80 年代研制成功了公主岭霉素、多散霉素、农抗 120、杀蚜素、浏阳霉素等;90 年代又研制成功了中生菌素、武夷菌素、宁南霉素、华光霉素、梅岭霉素和阿维菌素等。目前,农用抗生素已成为世界农药市场中不可缺少的一部分,可具体分为农用杀虫抗生素,农用杀菌抗生素和除草及其他农用抗生素。

【目标定位】

1. 采用新的生物技术寻找新的高毒力微生物菌株,如应用基因重组技术获得高活性的微生物菌株。

2. 通过发酵工程的技术来提高微生物的产量,对于真菌是提高孢子的生成量,对于细菌是提高细菌的量,而对于代谢产物则是提高发酵单位。

实验 61 能源微生物的研究(以 1～2 种生物能源为例)

【设计思想】

能源微生物是指能够将生物质转化为液体或气体燃料以及与生物质转化密切相关的微生物的总称,包括木质纤维素乙醇转化、产甲烷、产氢或产脂等相关微生物。这些微生物分别与沼气、生物乙醇、生物氢气、生物柴油和生物燃料电池等能源的转化有直接的关系。

能源性微生物主要有以下五大类:

1) 产甲烷微生物,主要种类有甲烷杆菌属(*Methanobacterium*)、甲烷八叠菌属(*Methanosarcina*)、甲烷球菌属(*Methanoccus*)等。沼气发酵过程中,第一阶段是复杂有机物如纤维素、蛋白质、脂肪等在微生物作用下降解至其基本结构单位物质的液化阶段;第二阶段是将第一阶段中产生的简单有机物经微生物作用转化生成乙酸、CO_2、H_2、甲胺、甲醇;第三阶段是在甲烷产生菌的作用下将乙酸等化合物转化为甲烷。

2) 产乙醇微生物,主要种类有酵母菌属(*Saccharomyces*)、念珠菌属(*Candida*)、裂殖酵母属(*Schizosaccharomyces*)、球拟酵母属(*Tomlopsis*)、毕赤酵母属(*Pichia*)、汉逊酵母属(*Hansenula*)、曲霉属(*Aspergillus*)、隐球菌属(*Cryptococcus*)等。乙醇产生菌的作用机制是酒精发酵作用,即把葡萄糖酵解生成乙醇。微生物酵解葡萄糖的途径是 EMP 途径、HMP 途径和 ED 途径。此外,厌氧纤维素降解微生物也具备产乙醇的潜力,其在自然界中极为丰富,包括厌氧真菌和厌氧细菌。

3) 产氢微生物，主要种类有红螺菌属(*Rhodospirillum*)、荚硫菌属(*Thiocapsa*)、红微菌属(*Rhodomicrobium*)、外硫红螺菌属(*Ectothiorhodospira*)、红假单胞菌属(*Rhodopseudomonas*)、硫螺旋菌属(*Thiospirillum*)、板硫菌属(*Thiopedia*)、梭杆菌属(*Fusobacterium*)、网硫菌属(*Thiodictyon*)、埃希菌属(*Escherichia*)等。氢气产生菌的作用机制主要是丁酸发酵作用。

4) 产油微生物，主要包括酵母、霉菌、细菌和藻类，常见的有浅白隐球酵母(*Cryptococcus albidus*)、斯达氏油脂酵母(*Lipomyces starkeyi*)、圆红冬孢(*Rhodosporidium toruloides*)、紫麦角菌(*Claviceps purpurea*)、高粱散黑粉菌(*Sphacelotheca cruenta*)、深黄被孢霉(*Monierella isabelli*)、高山被孢霉(*Mortierella alpina*)、卷枝毛霉(*Mucor circinelloides*)、拉曼被孢霉(*Mortierella ramanniana*)等霉菌，以及硅藻(diatom)、螺旋藻(spirulina)等藻类。微生物油脂是指某些微生物在一定条件下将碳水化合物，碳氢化合物和普通油脂等碳源转化为菌体内大量储存的油脂。

5) 生物电池微生物，包括脱硫弧菌(*Desulfovibrio desulfuricans*)、腐败希瓦菌(*Shewanella purefaciens*)、大肠杆菌(*Escherichia coli*)、铜绿假单胞菌(*Pseudomonas aeruginosa*)、丁酸梭菌(*Clostridium bytyricum*)、粪产碱菌(*Alcaligenes faecallis*)、鹑鸡肠球菌(*Enterococcus gallinanm*)等。

【目标定位】

1. 围绕着如何提高某种微生物能源含量，在菌种和发酵工艺方面开展研究。

2. 通过对微生物产能机制的理解，思考如何保证其在产能过程中的高效性、稳定性和对不同生态条件的适应性。

实验 62 微生物制造新型可降解高分子材料的研究(以 PHA 制造为例)

【设计思想】

“双碳”目标、环境污染等问题已经迫在眉睫。为减少不易降解的石化塑料造成的白色污染，我们一直在寻找可降解材料，生物制造是路径之一。

聚羟基脂肪酸酯(polyhydroxyalkanoate，PHA)是由微生物通过各种碳源发酵而合成的不同结构的脂肪族共聚聚酯，是微生物应对不利的生存环境时的物质能量储备，是一种天然的高分子生物材料，同时具有良好的生物相容性、生物可降解性和热塑性，可作为生物医用材料和生物可降解包装材料等。PHA 只能在细胞体内合成。许多蛋白质参与了 PHA 合成、保持、降解和其他相关的代谢途径。因为

PHA在细菌体内存在为细胞质内不连续的包涵体，许多蛋白位于PHA包涵体的表面。合成途径包括：糖酵解途径、TCA循环、脂肪酸B氧化途径、脂肪酸生物合成起始途径、脂肪酸生物合成延长途径及其他相关途径。其中，具有代表性的PHA生产菌为罗氏真养菌(*Ralstonia eutropha*)。

生物可降解材料PHA材料是新型降解塑料中的一种，其具有两个优势，第一是PHA材料可在多种自然环境中自发降解，不会产生二次环境污染；第二是PHA是完全碳中和的材料，生产PHA的原料都是生物质的原料，不像传统塑料来自石油。自然界中的许多微生物中都含有PHA水解酶，它们可以将PHA水解为水溶性低聚物和单体，然后利用这些产物作为细胞内的营养物质，非常环保且高效。因此，PHA可以说是生物可降解塑料中最有潜力的一种。

【目标定位】

微生物制造效率主要体现在生产产品的转化率、生产速率和产量三个指标。作为生物制造的第一步，需要根据目标产品的特性选择一个性状优良的菌种，也称底盘细胞，它是用于该产品生产的宿主。因此，本实验的目标是如何利用微生物学代谢调控技术优化菌株、代谢路径，提高酶促反应效率、底物转化率、产物产量、菌株生长速度，并降低产物提取难度。

实验63 极端微生物的研究(以嗜盐菌为例)

【设计思想】

极端微生物(extremophile)是指那些能够在极端环境中生存和繁殖的微生物，通常包括嗜热、嗜冷、嗜酸、嗜碱、嗜盐、嗜压、嗜金、抗辐射、耐干燥和极端厌氧等多种类型。

极端微生物是这个星球留给人类独特的生物资源和极其珍贵的科研素材。开展极端微生物的研究，对于揭示生物圈起源的奥秘，阐明生物多样性形成的机制，认识生命的极限及其与环境的相互作用的规律等，都具有极为重要的科学意义。在极端微生物中发现的适应机制，还将成为人类在太空中寻找地外生命的理论依据。对极端微生物研究的成果，将大大促进微生物在环境保护、人类健康和生物技术等领域的利用。我国对极端微生物的研究已有20多年的历史，研究内容涉及极端微生物的资源调查、物种分析以及生理生态研究等。近年来，又在极端微生物分子生物学、基因组学和蛋白质组学等方面取得了重要进展。

【目标定位】

极端嗜盐古菌是广泛存在于海水晒盐场、盐湖甚至古海洋沉积物等高浓度盐环境的一大类极端微生物。极端嗜盐古菌中蕴藏着丰富的极端嗜盐酶类、特殊脂类、生物表面活性物质、蛋白类抗生素(嗜盐菌素),以及重要的生物纳米材料"紫膜"和生物可降解塑料前体物 PHA 等。本实验目标是筛选极端嗜盐古菌,并对极端古菌重要功能物质进行开发、改造和利用。

实验 64　地质微生物的研究(以细菌冶金为例)

【设计思想】

地质微生物有两类:一类是古代死的微生物,一类是现在活的微生物。前者是已经死去的、地质时期的微生物,如在石头中发现的微生物;后者是现在还活着的、参与地质作用的微生物,如很硬的石头最后风化变软,在风化过程中一些现代微生物就会起作用。

地质上的成矿作用涉及物理过程、化学过程及生物过程。生物过程中比较重要的是微生物过程。例如,有些矿是通过微生物作用富集起来,使得元素的含量从低到高,慢慢积累变成矿。例如很多沉积型的铁矿、磷矿,甚至砂金矿等,都和微生物的作用有关。除了金属矿产,油气等能源实际上也是微生物的产物。除了成矿以外,微生物还可以用来寻找矿床。当地下有金属矿床时,地表土壤的金属含量会出现异常,并引起微生物群落发生变化,因此矿区土壤的微生物群落和周围土壤就会有差异,根据微生物群落的变化就可以找矿。矿石开采出来以后还要冶炼。在提炼的过程中,微生物也可以起作用。微生物可以破坏矿石里面的矿物,让有用的元素释放出来,这样更容易提取出来,这一过程叫微生物选矿或者微生物湿法冶金。所以地质微生物在成矿、找矿、选矿方面都很有用。

细菌冶金是利用自然界中的特定微生物的生理生化作用,使矿石中的金属溶解、富集的湿法冶金技术。据报道可用于浸矿的细菌有几十种,按其最佳生长温度分为中温菌(mesophile)、中等嗜热菌(moderate thermophile)、高温细菌(thersopbile),常用的有氧化亚铁硫杆菌(*T.ferrooxidaus*)、氧化硫硫杆菌(*T.thiooxidans*)、氧化亚铁微螺菌(*L.ferrooxidans sulfobacillus*)等。冶金菌主要生存在适合自身生长而其他菌不能存活的酸性矿坑水中,在适合的温度、pH 及无机盐浓度的条件下,以 Fe(Fe^{2+})、S、或硫化矿为能源物质,在这些物质的氧化过程中获得能量,合成维持自身生长的物质,同时产生利于浸矿的酸或者其他一些代谢物。

【目标定位】

本实验目标是筛选氧化铁硫杆菌和喜温性地质微生物，研究从纯硫化物或复杂的多金属硫化物中将重金属有效地溶解出来的特性。

实验 65　菌根菌的研究

【设计思想】

菌根学是 20 世纪 90 年代随着环保要求与生物技术的迅速发展而兴起的一门边缘交叉学科。菌根学在恢复生态学、绿色产业、环境治理及农林业的可持续发展中具有重要的地位和作用，特别在我国西部生态环境建设中将起着重要的科技支撑作用，契合习近平总书记提出的“绿水青山就是金山银山”的理念。菌根是土壤真菌和高等植物的根系形成的共生体系。在高等植物菌根共生中，光合作用产生的碳水化合物被宿主和真菌共用，真菌从土壤中吸收的养分，一部分也传给宿主，真菌和植物根系共同吸收合成的养分供给植物生长。故菌根植物比非菌根植物生长快，其植株地上部分如高、径、重量均比非菌根植物的大，根系也较发达。同时菌根还有保护植物免受病原侵入、缓和干旱危害、保持土壤结构，从而促进植株生长等作用。

由于菌根对宿主专一性不如根瘤菌强，大多数的植物都可被菌根菌所侵染。菌根分为外生菌根和内生菌根两种类型。内生菌根主要包括泡囊-丛枝（vesicalar-arbuscular，VA）菌根。VA 内生菌根是菌根中分布最广泛、最普遍的一类菌根，一个典型的 VA 菌根共生体由宿主植物的根系、根皮层组织内的真菌结构和土壤中的根外菌丝及孢子组成。由于土壤中普遍存在菌根的孢子和菌丝等，很容易与植物的根系接触，而在根内侵染，形成丛枝状结构。菌根与宿主之间的根系是一种共生关系，一方面，宿主为菌根提供光合产物，使菌根得到足够的能量；另一方面，菌根也通过广泛分布的菌丝吸收水分和养分供植物使用。

【目标定位】

陆生植物对矿质元素和水分的吸收主要通过根系来实现。许多的试验已经证明，菌根菌能促进植物对养分和水分的吸收。尤其菌根菌能显著提高宿主对磷的吸收，这种促进作用可区分为菌根菌的直接作用和间接作用两种。直接作用是指根外菌丝直接吸收养分并运输给宿主植物的作用。间接作用是指由于菌根菌的侵染改变了宿主植物的根系形状及生理生化性状，从而影响根系本身对土壤养分的摄取能力。本实验的目标定位是举例验证菌根菌与植物的关系。

实验 66 微生物平板艺术画的创意设计与实践

【设计思想】

借助微生物培养和紫外线消毒灭菌技术以菌为翰墨，皿为宣纸，用细菌在培养基平板制作图案，将科学、技术与艺术相结合，培养学生的综合素养。

提前设计好相关图案并以金黄色葡萄球菌、大肠杆菌、谷草芽孢杆菌、藤黄八叠球菌等菌落为“翰墨颜料”，在营养琼脂培养基平板中绘制好自己精心准备的图案然后放入 37℃恒温培养箱中 3 天后，金黄色葡萄球菌等各色各形的培养菌落就能长成预先设计好的图案，每一幅作品都是独特的艺术品。

【目标定位】

经过学生们精心的设计和菌落培养，培养基上呈现出数百幅别具匠心的微生物艺术画。

实验 67 解析可溶性膳食纤维干预下肠道微生物组的生态应答

【设计思想】

人体内肠道微生物数量高达 100 万亿个，接近自身细胞总量的 10 倍，是人体的“第二基因组”，也被称为“人体另一个器官”。大量研究表明，肠道菌群与糖尿病、肝病、心脑血管疾病、肾病、艾滋病、肿瘤等多种疾病密切相关，在人类健康和疾病中发挥着至关重要的作用。

膳食纤维对人体健康有重要的影响，高膳食纤维摄入可降低肥胖、炎症性肠病、结直肠癌等多种疾病的风险。越来越多的证据表明，对肠道菌群的调控是膳食纤维发挥其对人体健康有益作用的重要途径。值得注意的是，肠道菌群不是许多各自独立的微生物凑在一起，而是一个在资源竞争、营养共生和群体感应等相互作用机制下形成的复杂生态系统。因此，在复杂环境中对特定微生物进行调节，通常会牵动整个生态系统，菌群微生物的应答变化很大程度上取决于微生物之间存在的竞争、互惠等生态互作关系。

可溶性膳食纤维对肠道有害菌大肠杆菌、金黄色葡萄球菌、白色假丝酵母有一定的抑制作用，且抑菌效果随着菌质可溶性膳食纤维浓度的增加而增强。可溶膳食纤维最重要的为淀粉类与非淀粉类聚多糖，这些可溶膳食纤维天然存在于燕麦、玉米、苹果、杧果、洋葱、菊苣、香蕉与菜蓟等水果、蔬菜中。

【目标定位】

通过构建动物模型，解析小鼠肠道菌群在可溶性膳食纤维干预后的动态变化，推断可溶性膳食纤维干预下生长速率有显著响应的关键微生物（双歧杆菌等）和不同微生物之间的相互作用。

实验 68 电活性微生物的研究

【设计思想】

电活性微生物学是一个跨学科的研究领域，它结合了微生物学、生态学、化学和物理学等多个学科的知识，为我们提供了探索微生物世界的全新视角。电活性微生物学的历史源于对特殊微生物代谢机制的探索。在研究沉积物和其他缺氧环境时，注意到某些微生物能在没有氧气的条件下生存。这些微生物利用电子传递与环境中的矿物质进行"呼吸"，这一过程显著不同于普通的氧化还原反应。产电微生物主要有以下几种。

1. 电杆菌属

这是一种典型的产电微生物，具有能够通过氧化过程产生电能的特性。它们通常在厌氧环境中生存，通过特定的代谢途径将有机物转化为电能。这类微生物在生物燃料电池中发挥着关键作用。

2. 希瓦氏菌属

希瓦氏菌属是一类 G^- 菌，它们具有多种能够直接还原电子的能力，从而生成电流。这种微生物在多种环境中都有发现，特别是在海洋沉积物和湿地土壤中更为常见。它们在微生物燃料电池中的应用也非常广泛。

3. 产电球藻

这是一种光合作用的微生物，具有产电能力。它们通过光合作用产生的电子可以直接用于产生电流。这种微生物在生物光电池中有潜在的应用价值。由于其光合作用的特性，这种微生物在光照条件下能够更有效地产生电能。

微生物燃料电池（microbial fuel cell，MFC）是一种利用电活性微生物将有机物中的化学能直接转化成电能的装置。其基本工作原理是：在阳极室厌氧环境下，有机物在微生物作用下分解并释放出电子和质子，电子依靠合适的电子传递介体在生物组分和阳极之间进行有效传递，并通过外电路传递到阴极形成电流，而质子通过质子交换膜传递到阴极，氧化剂（一般为氧气）在阴极得到电子被还原与质子结合成水。该电池具有多个显著优点。首先，它能够利用多种有机和无机物质作为燃料，包括地里的高粱秆、吃剩的香蕉皮及洗菜水等，几乎任何有机物或无机物都可以被转化为电能。其次，微生物燃料电池的操作条件温和，通常在常温、常压及接近中性的环境中运行，这使得维护成本低且安全性高，微生物的培养也无需苛刻条件。此外，由于微生物能利用多种有机和无机物质，所以不必像传统燃烧过程那样需要频繁清理灰烬，并且不会产生大量烟尘，从而提高了能量利用率并减少了环境污染。微生物燃料电池的应用领域广泛。它可以提供电能、处理废水、实现生物修复以及构建生物传感器。

【目标定位】

1. 以葡萄糖、果糖、蔗糖，木头和稻草中提取的含糖副产品，如木糖等作为原料，利用产电细菌来制备微生物燃料电池。

2. 利用微生物电流与水中有机物之间的定量关系，研究新型的污水水质检测方法。

实验 69　基于微生物在碳循环中的作用，研究其参与和影响碳达峰与碳中和

【设计思想】

习近平总书记强调：“实现碳达峰碳中和，是贯彻新发展理念、构建新发展格局、推动高质量发展的内在要求，是党中央统筹国内国际两个大局作出的重大战略决策。”碳达峰与碳中和是指通过采取一系列行动，使温室气体排放达到峰值，然后逐渐减少到零，实现人类与自然的环境和谐统一。这一目标是应对全球气候变化的重要措施。微生物在碳循环中扮演着极其重要的角色，可以参与和影响碳达峰与碳中和。在自然环境中，微生物参与碳循环的不同阶段，如碳的固定、分解和再生等。其中最为重要的是碳的固定阶段。通过光合作用，微生物可以将二氧化碳转化为有机物质，并作为生物体质量的来源。在低碳经济的发展中，可以利用微生物的固碳能力来降低人类活动产生的二氧化碳排放量。例如，可以利用微生物在海洋中固碳，减少大气中的 CO_2 浓度；也可以利用微生物代替传统的化石燃料等，如利用生物制氢来替代传统的燃油等。此外，微生物在废弃物和环境污染物的处理中也起着重要的作用。例如，通过利用微生物分解污染物的能力，可以将工业废水或城市污水中的有机物转化为无害的无机物质和气体，从而实现环保减排，提高环境品质，进而推动可持续发展。

【目标定位】

1. 在蓝细菌、光合细菌和化能自养菌中选育固碳能力强、效率高的希望菌株。

2. 研究不同尺度下(代谢水平、细胞水平、群落结构、生态系统类型)土壤微生物碳利用效率的调控因素。

附　　录

附录1　培养基的配制

一、培养基的常规配制程序

1. 玻璃器皿的洗涤和包装

(1) 玻璃器皿的洗涤　玻璃器皿在使用前必须洗刷干净。将锥形瓶、试管、培养皿、量筒等浸入含有洗涤剂的水中，用毛刷刷洗，然后用自来水及蒸馏水冲净。移液管先用含有洗涤剂的水浸泡，再用自来水及蒸馏水冲洗。洗刷干净的玻璃器皿置于烘箱中烘干后备用。

(2) 灭菌前玻璃器皿的包装

1) 培养皿的包装：培养皿由一盖一底组成一套。可用报纸将几套培养皿包成一包，或者将几套培养皿直接置于特制的铁皮圆筒内，加盖灭菌。包装后的培养皿须经灭菌之后才能使用。

2) 移液管的包装：在移液管的上端塞入一小段棉花(勿用脱脂棉)，可避免外界及口中杂菌吸入管内，同时可防止菌液等吸入口中。塞入此小段棉花应距管口约0.5 cm，棉花自身长1～1.5 cm。塞棉花时，可用一外圈拉直的曲别针将少许棉花塞入管口内。棉花要塞得松紧适宜，吹时以能通气而又不使棉花滑下为准。

先将报纸裁成宽约5 cm的长纸条，然后将已塞好棉花的移液管尖端放在长条报纸的一端，约呈45°。折叠纸条包住尖端，用左手握住移液管身，右手将移液管压紧，在桌面上向前搓转，以螺旋式包扎起来。末端剩余纸条折叠打结，准备灭菌(附图1)。

2. 液体及固体培养基的配制

(1) 液体培养基的配制

1) 称量：一般可用1/100粗天平称量配制培养基所需的各种药品。先按培养基的配方计算各成分的用量，然后进行准确称量。

2) 溶化：将称好的药品置于一烧杯中，先加入少量水(根据实验需要可用自来水或蒸馏水)，用玻棒搅动，加热溶解。

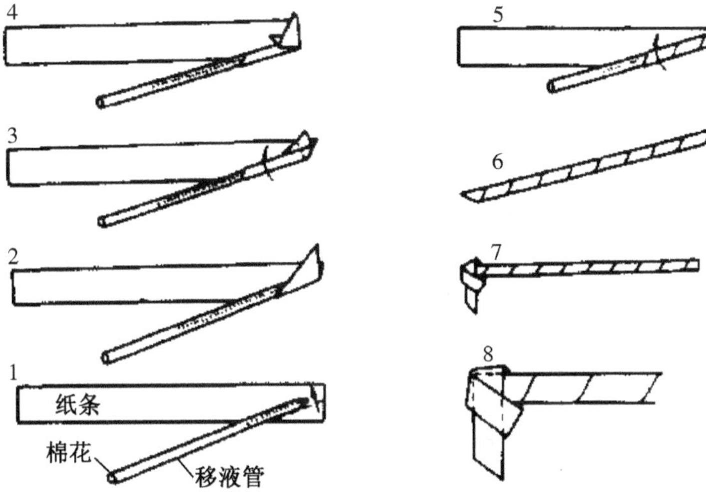

附图 1 单支移液管包装

3) 定容：待全部药品溶解后倒入一量筒中，加水至所需体积。例如，某种药品用量太少时，可预先配成浓度较高的溶液，然后按比例吸取一定体积，加至培养基中。

4) 调 pH：一般用 pH 试纸测定培养基的 pH。用剪刀剪出一小段 pH 试纸，然后用镊子夹取此段 pH 试纸在培养基中蘸一下，观察其 pH 范围。如培养基偏酸或偏碱时，可用 1 mol/L NaOH 或 1 mol/L HCl 溶液进行调节。调节 pH 时应逐滴加入 NaOH 或 HCl 溶液，防止局部过酸或过碱，破坏培养基中的成分，边加边搅拌，并不时用 pH 试纸测试，直至达到所需 pH 为止。

5) 过滤：用滤纸或多层纱布过滤培养基。一般无特殊要求时，此步可省去。

(2) 固体培养基的配制　配制固体培养基时，应将已配好的液体培养基加热，再将称好的琼脂(1.5%～2%)加入，并用玻棒不断搅拌，以免糊底烧焦。继续加热至琼脂全部溶化，最后补足因蒸发而失去的水分。

3. 培养基的分装

根据不同需要可将已配好培养基分装入试管或锥形瓶内，分装时注意不要使培养基沾污管口或瓶口以免造成污染。当操作不小心使培养基沾污管口或瓶口时，可用镊子夹一小块脱脂棉，擦去管口或瓶口的培养基，并将脱脂棉弃去。

(1) 试管的分装　取一个玻璃漏斗装在铁架台上，漏斗下连一根乳胶管，乳胶管下端再与另一玻璃管连接，乳胶管的中部加一弹簧夹。分装时，用左手拿住空试管中部，并将漏斗下的玻璃管嘴插入试管内，以右手拇指及食指开放弹簧夹，中指及无

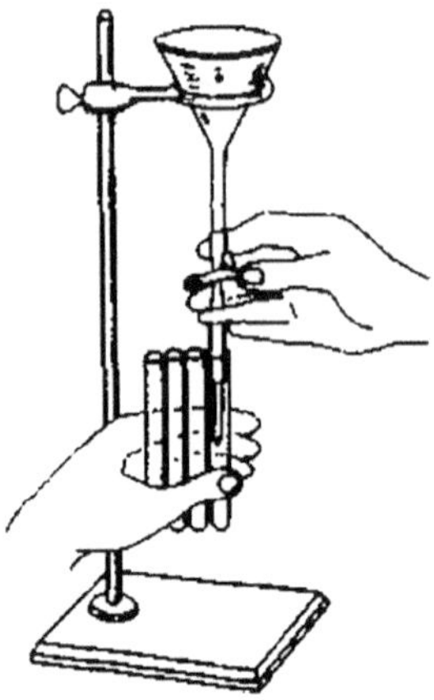

附图 2 培养基的分装

名指夹住玻璃管嘴,使培养基直接流入试管内(附图 2)。

装入试管培养基的量视试管大小及需要而定。若所用试管大小为15 mm×150 mm 时,液体培养基可分装至试管高度 1/4 左右为宜。如分装固体或半固体培养基时,在琼脂完全溶化后应趁热分装于试管中。用于制作斜面的固体培养基的分装量为管高的 1/5(3~4 mL)。半固体培养基分装量为管高的 1/3 为宜。

(2) 锥形瓶的分装　用于振荡培养微生物时,可在 250 mL锥形瓶中加入 50 mL 的液体培养基。若用于制作平板培养基时,可在 250 mL 锥形瓶中加入 150~200 mL 培养基,然后再加入 3~4 g 琼脂粉(按 2%计算),灭菌的同时瓶中琼脂粉被溶化。

4. 棉塞的制作及试管、锥形瓶的包扎

培养好气性微生物需提供优良的通气条件。同时,为防止杂菌污染,必须对通入试管或锥形瓶内的空气预先进行过滤除菌。通常方法是在试管及锥形瓶口加上棉塞等。

(1) 试管棉塞的制作　制棉塞时,应根据试管口的大小选用一块大小、厚薄适中的普通棉花,铺展成正方形,再对折成三角形,然后从三角形的一端卷起,卷成上粗下细的圆柱(附图 3)。制作的棉塞应紧贴管壁,不留缝隙,以防外界微生物沿缝隙侵入,不宜过紧或过松。塞好后以手提棉塞,试管不下落为准。棉塞的 2/3 在试管内,1/3 在试管外(附图 4)。目前也有采用金属或塑料试管帽代替棉塞,直接盖在试管口上,灭菌待用。

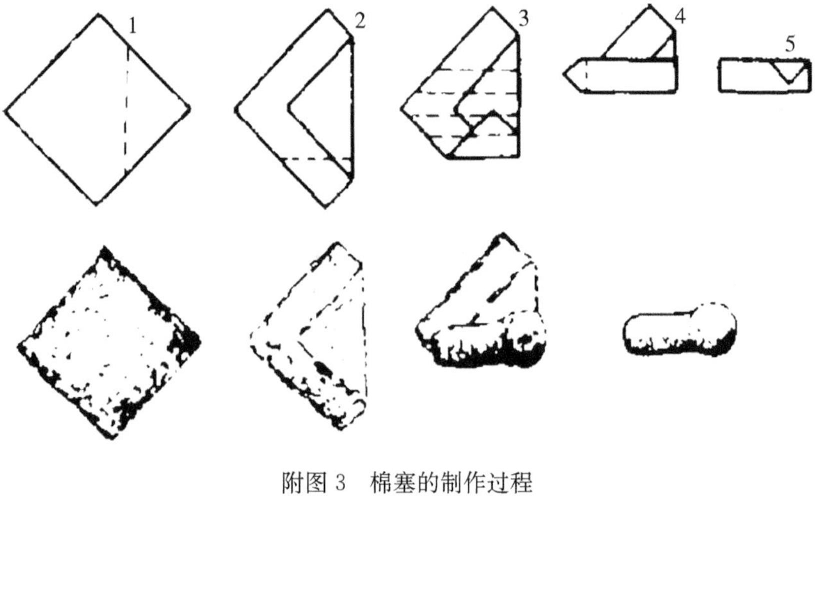

附图 3 棉塞的制作过程

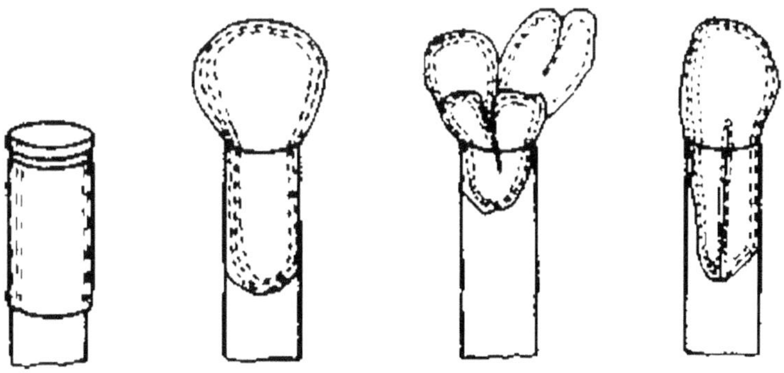

附图 4　试管帽和棉塞

将装好培养基并塞好棉塞或盖好管帽的试管捆成捆，外面包上一层牛皮纸。用铅笔注明培养基名称及配制日期，灭菌待用。

(2) 锥形瓶棉塞的制作　通常在棉塞外包上一层纱布，再塞在瓶口上。有时为了进行液体振荡培养加大通气量，则可用 8 层纱布代替棉塞包在瓶口上。目前也有采用无菌培养容器封口膜直接盖在瓶口上，既保证通气良好、过滤除菌，又操作简便，很受欢迎。

在装好培养基并塞好棉塞，或盖好培养容器封口膜的锥形瓶口上，再包上一层牛皮纸(可用聚丙烯薄膜代替牛皮纸，其防水效果好，且可重复使用)并用线绳捆好，灭菌待用。

5. 培养基的灭菌

培养基经分装包扎之后，应立即进行高压蒸气灭菌，0.1 MPa 灭菌 20 min。若有特殊情况不能及时灭菌，则应暂存于冰箱中。

6. 斜面和平板的制作

(1) 斜面的制作　将已灭菌装有琼脂培养基的试管，趁热置于木棒上，使成适当斜度，凝固后即成斜面(附图 5)。斜面长度以不超过试管长度的1/2为宜。如制作半固体或固体深层培养基时，灭菌后则应垂直放置至冷凝。

附图 5　斜面放置

(2) 平板的制作　将装在锥形瓶或试管中已灭菌的琼脂培养基融化，待冷却至 50℃左右倾入无菌培养皿中。温度过高时，皿盖上的冷凝水太多；温度低于 50℃时，培养基易于凝固而无法制作平板。

平板的制作应在火焰旁进行。左手拿培养皿，右手拿锥形瓶的底部或试管，左手同时用小指和手掌将棉塞打开，灼烧瓶口，用左手大拇指将培养皿盖打开一缝，

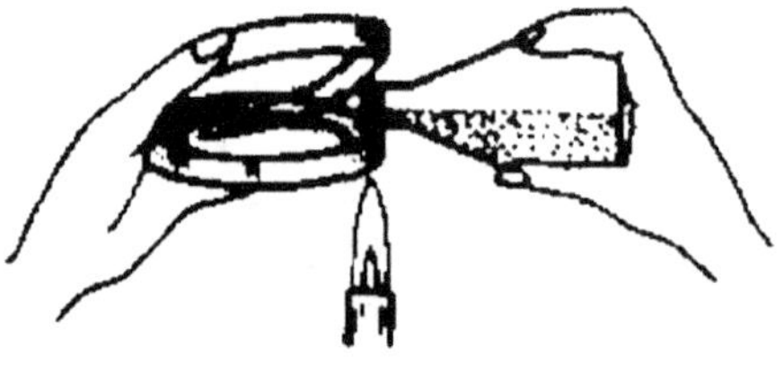

附图6 将培养基倒入培养皿内

至瓶口正好伸入,倾入培养基(直径为90 mm的培养皿培养基的量为15～20 mL为宜),迅速盖好皿盖,置于桌上,轻轻旋转平皿,使培养基均匀分布于整个平皿中,待冷凝后即成平板(附图6)。

7. 培养基的无菌检查

灭菌后的培养基一般须进行无菌检查。最好从中抽出几管(瓶)放在37℃的培养箱中培养1～2 d,确定无菌后方可使用。

8. 无菌水的制备

在每个250 mL的锥形瓶内装99 mL的蒸馏水并塞上棉塞。在每支试管内装4.5 mL蒸馏水,塞上棉塞或盖上塑料试管盖。再在棉塞上包上一张牛皮纸或聚丙烯薄膜,高压蒸汽灭菌,0.1 MPa、20 min。

二、培养基的配方

1. 牛肉膏蛋白胨培养基(培养细菌用)

牛肉膏	3 g
蛋白胨	10 g
NaCl	5 g
琼脂	10～20 g
水	1 000 mL
pH	7.0～7.2

121℃灭菌20 min

2. 高氏(Gause)一号培养基(培养放线菌用)

可溶性淀粉	20 g
KNO_3	1 g
NaCl	0.5 g
K_2HPO_4	0.5 g
$MgSO_4$	0.5 g
$FeSO_4$	0.01 g
琼脂	20 g
水	1 000 mL
pH	7.2～7.4

配制时,先用少量冷水将淀粉调成糊状,倒入煮沸的水中在火上加热,边搅拌边加入其他成分,溶化后补足水分至1 000 mL。121℃灭菌20 min。

3. 察氏(Czapek)培养基(培养霉菌用)

$NaNO_3$	2 g
K_2HPO_4	1 g
KCl	0.5 g
$MgSO_4$	0.5 g
$FeSO_4$	0.01 g
蔗糖	30 g
琼脂	15～20 g
水	1 000 mL
pH	自然

121℃灭菌 20 min

4. 马丁(Martin)培养基(分离真菌用)

葡萄糖	10 g
蛋白胨	5 g
KH_2PO_4	1 g
$MgSO_4 \cdot 7H_2O$	0.5 g
1/3 000 孟加拉红(玫瑰红水溶液)	100 mL
琼脂	15～20 g
pH	自然
蒸馏水	800 mL

121℃灭菌 30 min

临用前加入 0.03%链霉素稀释液 100 mL,使每毫升培养基中含链霉素 30 μg。

5. 马铃薯葡萄糖培养基(PDA,培养真菌用)

马铃薯	200 g
蔗糖(或葡萄糖)	20 g
琼脂	15～20 g
水	1 000 mL
pH	自然

将马铃薯去皮,切成块煮沸 30 min,然后用纱布过滤,再加糖及琼脂,溶化后补足水至1 000 mL。121℃灭菌 30 min。

6. 麦芽汁培养基

1) 取大麦或小麦若干,用水洗净,浸水 6～12 h,置 15℃阴暗处发芽,上盖纱布一块,每日早、中、晚淋水一次。麦根伸长至麦粒的两倍时,即停止发芽,摊开晒干或烘干,贮存备用。

2) 将干麦芽磨碎,1份麦芽加4份水,在65℃水浴锅中糖化3～4 h,糖化程度可用碘滴定。

3) 将糖化液用4～6层纱布过滤,滤液如浑浊不清,可用鸡蛋白澄清,方法是将一个鸡蛋白加水约20 mL,调匀至生泡沫时为止,然后倒在糖化液中搅拌煮沸后再过滤。

4) 将滤液稀释到5～6波美度,pH约6.4,加入2%琼脂即成。121℃灭菌20 min。

7. 豆芽汁蔗糖(或葡萄糖)培养基

黄豆芽	100 g
蔗糖(葡萄糖)	50 g
水	1 000 mL
pH	自然

称新鲜豆芽100 g,放入烧杯中,加水1 000 mL,用纱布过滤。用水补足原量,再加入蔗糖(或葡萄糖)50 g,煮沸溶化。121℃灭菌20 min。

8. 淀粉培养基

蛋白胨	10 g
NaCl	5 g
牛肉膏	5 g
可溶性淀粉	2 g
蒸馏水	1 000 mL
琼脂	15～20 g
pH	7.2

121℃灭菌20 min

9. 明胶培养基

牛肉膏蛋白胨液	1 000 mL
明胶	12～18 g
pH	7.2～7.4

在水浴锅中将上述成分溶化,不断搅拌,溶化后调pH 7.2～7.4。121℃灭菌20 min。

10. 蛋白胨水培养基

蛋白胨	10 g
NaCl	5 g

蒸馏水	1 000 mL
pH	7.6

121℃灭菌 20 min

11. 糖发酵培养基

蛋白胨水培养基	1 000 mL
1.6%溴甲酚紫乙醇溶液	1～2 mL
pH	7.6

另配 20%糖溶液(葡萄糖、乳糖、蔗糖等)各 10 mL。制法：① 将上述含指示剂的蛋白胨水培养基(pH 7.6) 分装于试管中，在每管内放一倒置的杜氏小管，使其内充满培养液；② 将已分装好的蛋白胨水和 20%的各种糖溶液分别灭菌，蛋白胨水 121℃灭菌 20 min，糖溶液 121℃灭菌 30 min；③ 每管以无菌操作分别加入 20%的无菌糖溶液 0.5 mL，即按每 10 mL 培养基中加入 20%的糖液0.5 mL，则成 1%的浓度。

12. 葡萄糖蛋白胨水培养基

蛋白胨	5 g
葡萄糖	5 g
K_2HPO_4	2 g
蒸馏水	1 000 mL

将上述各成分溶于 1 000 mL 水中，调 pH 7.0～7.2，过滤。分装试管，每管 10 mL，121℃灭菌 30 min。

13. 麦氏培养基

葡萄糖	1 g
KCl	1.8 g
酵母浸膏	2.5 g
醋酸钠	8.2 g
琼脂	15～20 g
蒸馏水	1 000 mL
pH	自然

113℃灭菌 20 min

14. 柠檬酸盐培养基

$NH_4H_2PO_4$	1 g
K_2HPO_4	1 g
NaCl	5 g

$MgSO_4$	0.2 g
柠檬酸钠	2 g
琼脂	15～20 g
蒸馏水	1 000 mL
1%溴香草酚蓝乙醇溶液	10 mL

将上述各成分加热溶解后，调 pH 7.0，然后加入指示剂，摇匀，用脱脂棉过滤。制成后为黄绿色，分装试管，121℃灭菌 20 min 后制成斜面。注意，配制时控制好 pH，不要过碱，以黄绿色为准。

15. 醋酸铅培养基

pH 7.4 的牛肉膏蛋白胨琼脂	100 mL
硫代硫酸钠	0.25 g
10%醋酸铅水溶液	1 mL

将牛肉膏蛋白胨琼脂培养基 100 mL 加热溶解，待冷却至 60℃时加入硫代酸钠 0.25 g，调至 pH 7.2，分装于 115℃灭菌试管或平板中。

16. YPD 培养基

葡萄糖	20 g
蛋白胨	20 g
酵母粉	10 g
琼脂	15～20 g
水	1 000 mL
pH	6.0
121℃灭菌 20 min	

17. 伊红美蓝培养基(EMB 培养基)

蛋白胨水琼脂培养基	100 mL
20%乳糖溶液	2 mL
2%伊红水溶液	2 mL
0.5%美蓝水溶液	1 mL

将已灭菌的蛋白胨水培养基(pH 7.6)加热溶化，冷却至 60℃左右时，再把已灭菌的乳糖溶液、伊红水溶液及美蓝水溶液按上述量以无菌操作加入。摇匀后立即倒平板。乳糖在高温灭菌易被破坏必须严格控制灭菌温度，115℃灭菌 20 min。

18. LB(Luria-Bertani)培养基

蛋白胨	10 g
酵母膏	5 g

NaCl	10 g
蒸馏水	1 000 mL
pH	7.0

121℃灭菌 20 min

19. BCG 牛乳培养基(用于乳酸发酵)

(1) A 溶液　脱脂乳粉 100 g,水 500 mL,加入 1.6%溴甲酚绿(BC)、乙醇溶液1 mL,80℃灭菌 20 min。

(2) B 溶液　酵母膏 10 g,水 500 mL,琼脂 20 g,pH 6.8 ,121℃湿热灭菌 20 min。以无菌操作趁热将 A、B 溶液混合均匀后倒平板。

20. 乳酸菌培养基(用于乳酸发酵)

牛肉膏	5 g
酵母膏	5 g
蛋白胨	10 g
葡萄糖	10 g
乳糖	5 g
NaCl	5 g
水	1 000 mL
pH	6.8

121℃湿热灭菌 20 min

21. Ames 实验用培养基

(1) 底层培养基　葡萄糖 20 g,柠檬酸 2 g,$K_2HPO_4 \cdot 3H_2O$ 3.5 g,$MgSO_4 \cdot 7H_2O$ 0.02 g,琼脂(优质)12 g,蒸馏水 1 000 mL,pH 7.0。

0.056 MPa 灭菌 15 min,需要 1 000 mL。

(2) 组氨酸-生物素混合液　称 31 mg *L* -盐酸组氨酸和 49 mg 生物素溶于 40 mL 蒸馏水中,备用。

(3) 上层培养基　0.5 g 氯化钠、0.6 g 优质琼脂加 90 mL 蒸馏水,加热溶化后定容,然后加入10 mL 组氨酸-生物素混合液,摇匀后分装小试管 80 支,每支 3 mL,0.056 MPa 灭菌15 min。需要 250 mL。

(4)"素琼脂"　0.5 g 氯化钠、0.6 g 优质琼脂加 90 mL 蒸馏水,溶化后定容。分装小试管 25 支,每支 3 mL,0.056 MPa 灭菌 15 min。需要 100 mL。

(5) 肉汤培养基　牛肉膏 3 g、蛋白胨 10 g、氯化钠 5 g、琼脂 20 g、自来水 1 000 mL。调节 pH 至 7.2～7.4,0.1 MPa 灭菌 20 min。需要 500 mL。

(6) 肉汤培养液　在肉汤培养基尚未加琼脂前,分装 10 支试管,每支 5 mL。

附录2 试剂和溶液的配制

1. 3%酸性乙醇溶液

浓盐酸	3 mL
95%乙醇	97 mL

2. 中性红指示剂

中性红	0.04 g
95%乙醇	28 mL
蒸馏水	72 mL

中性红 pH 6.8～8 颜色由红变黄,常用浓度为 0.04%。

3. 淀粉水解实验用碘液(卢戈氏碘液)

碘片	1 g
碘化钾	2 g
蒸馏水	300 mL

4. 溴甲酚紫指示剂

溴甲酚紫	0.04 g
0.01 mol/L NaOH	6.4 mL
蒸馏水	93.6 mL

溴甲酚紫 pH 5.2～6.8,颜色由黄变紫,常用浓度为 0.04%。

5. 溴麝香草酚蓝指示剂

溴麝香草酚蓝	0.04 g
0.01 mol/L NaOH	6.4 mL
蒸馏水	93.6 mL

溴麝香草酚蓝 pH 6.0～7.6,颜色由黄变蓝,常用浓度为 0.04%。

6. 甲基红试剂

甲基红(methyl red)	0.04 g
95%乙醇	60 mL
蒸馏水	40 mL

先将甲基红溶于 95%乙醇中,然后加入蒸馏水即可。

7. VP 试剂

(1) 5%α-萘酚无水乙醇溶液

α-萘酚	5 g

无水乙醇 100 mL

(2) 40% KOH 溶液

KOH 40 g

蒸馏水 100 mL

8. 吲哚试剂

对二甲基氨基苯甲醛 2 g

95%乙醇 190 mL

浓盐酸 40 mL

9. Ames 实验所用试剂

(1) 亚硝基胍(NTG) 分别将 50 mg/mL、250 mg/mL、500 mg/mL 用甲酰胺0.05 mL助溶后，以 pH 6.0 的0.1 mol/L磷酸缓冲液配制。

(2) 氨苄西林 8 mg/mL，用 0.2 mol/L 的 NaOH 配制。

(3) 黄曲霉素 B_1 50 mg/mL、5 mg/mL。

(4) 结晶紫 1 mg/mL。

(5) 生理盐水 配 150 mL。

(6) 氯化钾 0.15 mol/L，配 500 mL。

附录 3 芽孢杆菌属典型菌株检索表

群 1. 芽孢囊不明显膨大；芽孢椭圆形或柱状；革兰氏阳性

A. 生长在葡萄糖营养琼脂上的幼龄细胞，用美蓝淡染色，原生质中有不着色的颗粒。

1. 严格好氧，VP 试验阴性 …………… 巨大芽孢杆菌(*Bacillus megaterium*)

2. 兼性厌氧，VP 试验阳性 ……………………… 蜡样芽孢杆菌(*B. cereus*)

a. 昆虫致病 ………………………… 苏云金芽孢杆菌(*B. thuringiensis*)

b. 菌落呈假根状……………………………… 蕈状芽孢杆菌(*B. mycoides*)

c. 引起人、畜炭疽病 ………………………… 炭疽芽孢杆菌(*B. anthracis*)

B. 生长在葡萄糖营养琼脂上的幼龄细胞，用美蓝淡染色，原生质中没有不着色的颗粒。

1. 在 7% NaCl 中生长，石蕊牛奶不产酸

a. pH 5.7 生长；VP 试验阳性

(1) 水解淀粉；还原硝酸盐成亚硝酸盐

(a) 兼性厌氧；利用丙酸盐 ……… 地衣芽孢杆菌(*B. licheniformis*)

(b) 好氧;不利用丙酸盐 …………………… 枯草芽孢杆菌(*B. subtilis*)

(2) 不水解淀粉;不还原硝酸盐成亚硝酸盐

…………………………………………… 短小芽孢杆菌(*B. pumilus*)

b. pH 5.7 不生长;VP 试验阴性 ……………… 坚强芽孢杆菌(*B. firmus*)

2. 在 7% NaCl 中不生长;石蕊牛奶产酸

…………………………………………………… 凝结芽孢杆菌(*B. coagulans*)

群 2. 芽孢囊膨大,芽孢椭圆形,中生到端生,革兰氏阳性、阴性或可变

A. 发酵葡萄糖产酸产气

1. VP 试验阳性,由甘油形成二羟丙酮 ……… 多黏芽孢杆菌(*B. polymyxa*)

2. VP 试验阴性,不形成二羟丙酮 ……………… 浸麻芽孢杆菌(*B. macerans*)

B. 不从葡萄糖产气

1. 水解淀粉

a. 不形成吲哚;VP 试验阴性

(1) 在 65℃下不生长 ………………………… 环状芽孢杆菌(*B. circulans*)

(2) 在 65℃下生长 ……… 嗜热脂肪芽孢杆菌(*B. stearothermophilus*)

b. 形成吲哚;VP 试验阳性 ………………………… 蜂房芽孢杆菌(*B. alvei*)

2. 不水解淀粉

a. 过氧化氢酶阳性;在营养肉汤中连续传代仍存活

(1) 兼性厌氧菌;在葡萄糖营养肉汤培养基中 pH 低于 8.0 才能生长

…………………………………………… 侧芽孢杆菌(*B. laterosporus*)

(2) 好氧菌;在葡萄糖营养肉汤培养基中 pH 高于 8.0 能生长

…………………………………………… 短芽孢杆菌(*B. brevis*)

b. 过氧化氢酶阴性;在营养肉汤中连续传代不能存活

(1) 还原硝酸盐为亚硝酸盐;分解酪素 ……… 幼虫芽孢杆菌(*B. larvae*)

(2) 不还原硝酸盐为亚硝酸盐;不分解酪素

(a) 芽孢囊中含有一个伴孢晶体,在 2% NaCl 中能生长

………………………………… 日本甲虫芽孢杆菌(*B. popilliae*)

(b) 芽孢囊中不含伴孢晶体;在 2% NaCl 中不生长

………………………………… 缓病芽孢杆菌(*B.lentimorbus*)

群 3. 芽孢囊膨大,芽孢一般球形,端生到次端生;革兰氏阳性、阴性或可变

A. 不水解淀粉;在非碱性培养基中也能生长,不从糖类发酵产酸

…………………………………………………… 球形芽孢杆菌(*B. sphaericus*)

附录4　染色液的配制

1. 吕氏(Loeffler)碱性美蓝染液

(1) A液

美蓝(methylene blue)	0.6 g
95%乙醇	30 mL

(2) B液

KOH	0.01 g
蒸馏水	100 mL

分别配制A液和B液,配好后混合即可。

2. 齐氏(Ziehl)石炭酸复红染色液

(1) A液

碱性复红(basic fuchsin)	0.3 g
95%乙醇	10 mL

(2) B液

石炭酸	5.0 g
蒸馏水	95 mL

将碱性复红在研钵中研磨后,逐渐加入95%乙醇,继续研磨使其溶解,配成A液。将石炭酸溶解于水中,配成B液。

混合A液及B液即成。通常可将此混合液稀释5～10倍使用,稀释液易变质失效,一次不宜多配。

3. 革兰氏(Gram)染色液

(1) 草酸铵结晶紫染液

1) A液:

结晶紫(crystal violet)	2 g
95%乙醇	20 mL

2) B液:

草酸铵(ammonium oxalate)	0.8 g
蒸馏水	80 mL

混合A液和B液,静置48 h后使用。

(2) 卢戈(Lugol)碘液

碘片	1.0 g

碘化钾	2.0 g
蒸馏水	300 mL

先将碘化钾溶解在少量水中，再将碘片溶解在碘化钾溶液中，待碘全溶后，加足水分即成。

(3) 95%乙醇溶液

(4) 番红复染液

番红(safranine O)	2.5 g
95%乙醇	100 mL

取上述配好的番红乙醇溶液 10 mL 与 80 mL 蒸馏水混匀即成。

4. 芽孢染色液

(1) 孔雀绿染液

孔雀绿(malachite green)	5 g
蒸馏水	100 mL

(2) 番红水溶液

番红	0.5 g
蒸馏水	100 mL

(3) 苯酚品红溶液

碱性品红	11 g
无水乙醇	100 mL

取上述溶液 10 mL 与 100 mL 5%的苯酚溶液混合，过滤备用。

(4) 黑色素(nigrosin)溶液

水溶性黑色素	10 g
蒸馏水	100 mL

称取 10 g 黑色素溶于 100 mL 蒸馏水中，置沸水浴中 30 min 后，滤纸过滤 2 次，补加水到 100 mL，加 0.5 mL 甲醛，备用。

5. 荚膜染色液

(1) 黑色素水溶液

黑色素	5 g
蒸馏水	100 mL
福尔马林(40%甲醛)	0.5 mL

将黑色素在蒸馏水中煮沸 5 min，然后加入福尔马林作防腐剂。

(2) 番红染液

与革兰氏染液中番红复染液相同。

6. 鞭毛染色液

(1) A 液

单宁酸	1 g
$FeCl_3$	1.5 g
蒸馏水	100 mL
福尔马林(15%)	2.0 mL
NaOH(1%)	1.0 mL

配好后,当日使用,次日效果差,第 3 天则不宜使用。

(2) B 液

$AgNO_3$	2 g
蒸馏水	100 mL

待 $AgNO_3$ 溶解后,取出 10 mL 备用,向其余的 90 mL $AgNO_3$ 中滴入浓 NH_4OH,使之成为很浓厚的悬浮液,再继续滴加 NH_4OH,直到新形成的沉淀又重新刚刚溶解为止。再将备用的 10 mL $AgNO_3$ 慢慢滴入,则出现薄雾,但轻轻摇动后,薄雾状沉淀又消失,再滴入 $AgNO_3$,直到摇动后仍呈现轻微而稳定的薄雾状沉淀为止。如所呈雾不重,此染剂可使用 1 周,如雾重,则银盐沉淀出,不宜使用。

7. 乳酸石炭酸棉蓝染色液

石炭酸	10 g
乳酸(比重 1.21)	10 mL
甘油	20 mL
蒸馏水	10 mL
棉蓝(cotlon blue)	0.02 g

将石炭酸加在热蒸馏水中加热溶解,然后加入乳酸和甘油,最后加入棉蓝,使其溶解即成。

主要参考文献

范秀荣，李广武，沈萍，1989. 微生物学实验. 2版. 北京：高等教育出版社.

郭秀君，1994. 微生物学. 济南：山东大学出版社.

哈雷，2012. 图解微生物实验指南. 谢建平，译. 北京：科学出版社.

贺延龄，陈爱侠，2000. 环境微生物学. 北京：中国轻工业出版社.

黄秀梨，1999. 微生物学实验指导. 北京：高等教育出版社.

Jay J M，2001. 现代食品微生物学. 徐岩，等译. 北京：中国轻工业出版社.

李如亮，1998. 生物化学实验. 武汉：武汉大学出版社.

刘明河，1993. 新编微生物学. 济南：山东大学出版社.

吕美云，刘紫英，罗莉萍，等，2017. 微生物学实验指导. 北京：化学工业出版社.

钱存柔，1999. 微生物学实验. 北京：北京大学出版社.

钱存柔，黄仪秀，2001. 微生物学实验教程. 北京：北京大学出版社.

沈萍，2000. 环境微生物实验. 北京：高等教育出版社.

沈萍，陈向东，2018. 微生物学实验. 5版. 北京：高等教育出版社.

沈萍，范秀荣，李广武，1999. 微生物学实验. 3版. 北京：高等教育出版社.

宋大新，范长胜，1993. 微生物学实验技术教程. 上海：复旦大学出版社.

王宜磊，1994. 简明微生物学及实验技术. 乌鲁木齐：新疆科学技术卫生出版社.

辛明秀，黄秀梨，2023. 微生物学实验指导. 3版. 北京：高等教育出版社.

杨柳燕，肖琳，2003. 环境微生物技术. 北京：科学出版社.

俞大绂，李季伦，1985. 微生物学. 北京：科学出版社.

喻子牛，1990. 苏云金杆菌. 北京：科学出版社.

赵斌，何绍江，2002. 微生物学实验. 北京：科学出版社.

赵咏梅，2018. 微生物实验教程. 西安：陕西师范大学出版社.

周德庆，1985. 微生物学实验手册. 上海：上海科学技术出版社.

周德庆，2020. 微生物学教程. 4版. 北京：高等教育出版社.

周群英，高廷耀，2000. 环境工程微生物学. 北京：高等教育出版社.

朱旭芬，2011. 现代微生物学实验技术. 杭州：浙江大学出版社.

祖若夫，胡宝龙，周德庆，1993. 微生物学实验教程. 上海：复旦大学出版社.

Benson H J，1990. Microbiological applications，a laboratory manual in general microbiology. 5th ed. Wm C Brown Publishers.

Black J G，Black L J，2015. Microbiology. 9th Ed. New York：Wiley.

Brown A E，Smith H，2016. Bensons microbiological applications：laboratory manual. 13th Ed. New York：

McGraw Hill.

Buchanan R E, N E Gibbons, 1974. Bergey's Manual of Determinative Bacteriology. 8th Ed. Baltimore: Williams and Wilkins.

Chess B, 2019. Laboratory applications in microbiology: a case study approach. New York: McGraw Hill.

Chess B, 2020. Talaros foundations in microbiology. New York: McGraw Hill.

Coombs J, Alston YR, 2000. The biotechnology directory. Macmillan, New York: Grove's Dictionaries.

Cornelissen C N, Hobbs M M, 2020. Lippincott illustrated reviews: Microbiology. 4th Ed. Philadelphia: LWW.

Cowan M K, Smith H, 2020. Microbiology: A systems approach. New York: McGraw Hill.

Gilligan P H, Shapiro D S, Miller M B, 2014. Cases in medical microbiology and infectious diseases. 4th Ed. New York: Wiley.

John K, 2020. Microbiology experiments: a health science perspective. New York: McGraw Hill.

Lembreit W W, 2000. Advances in applied microbiology. New York: Academic Press.

Meyer R J, Brown S A, 2020. Challenges of the unseen world: a laboratory course in microbiology. New York: Wiley.

Pollack R A, 2013. Laboratory exercises in microbiology. 4th Ed. New York: Wiley.

Sneath P H A, Mair N S, Sharp M E, et al, 1986. Bergey' manual of systematic bacteriology, vol. 2. Baltimore: Williams and Wilkin.

Staley J T, Bryant M P, Pfennig N, et al, 1989. Bergey' manual of systematic bacteriology, vol.2. Baltimore: Williams and Wilkins.

Talaro K P, Chess B. 2017. Foundation in microbiology: basic principles. New York: McGraw Hill.

Willey J M, Sherwood L M, Woolverton C J, 2016. Prescott's Microbiology. New York: McGraw Hill.

Willey J, Sandman K. 2020. Prescott's principles of microbiology. New York: McGraw Hill.